全国学前教育专业（新课程标准）"十三五"规划教材

计算机应用基础

主　编　朱景立

副主编　张　莉　王培屹

参　编　王　治　谢美芳

复旦大學 出版社

内容提要

本书依据《2006—2020年国家信息化发展战略》、《中小学教师教育技术能力标准》、《全国中小学教师教育技术能力建设计划》以及《教育信息化十年发展规划（2011—2020年）》，结合多年来的教学实践和组织计算机等级考试的经验编写而成。

全书共分7章，主要包括计算机基础知识、中文版Windows 7操作系统、Word 2010文字处理软件、Excel 2010电子表格软件、PowerPoint 2010演示文稿软件、计算机网络基础、电子商务概述。

本书以提高学生计算机操作能力为本位，以"项目驱动"和"任务驱动"来完成教学目标，强调计算机基本操作能力的训练和加强。可供全国幼儿师范高等专科学校、幼儿师范学校以及其他高职高专院校的学前教育专业学生使用。

序　言

"育幼教英才,创特色名校"。挟时代东风之利,承历史发展之脉,此套具有地方性特色的学前教育专业课程系列丛书终于正式付梓出版。历时一年,终结硕果,实在令人欣喜。这套系列丛书以《教育部关于大力推进教师教育课程改革的意见》(教师[2011]6 号)为指导思想,努力呈现了当前国家对于幼儿教师教育课程改革提出的新要求和新思路,汇集部分教学改革与研究成果,注入丰富的理论与实践内涵浓缩而成。

本套教材依托河南省软科学计划项目的研究平台,为"学前教育专科人才培养模式的实践研究"(课题编号:112400450345)课题的成果之一。为了加强幼儿教师教育课程和教材研究,郑州幼儿师范高等专科学校课程开发小组与复旦大学出版社、郑州大学出版社等多家单位联合启动了学前教育专业课程与教材研究计划项目,由郑州幼儿师范高等专科学校学前教育专业具有丰富教育经验的教师团队、河南省各地市学前教育领域优秀教研员和一线园长、教师团队及出版社教材资深编辑组成课程开发小组,进行了为期一年的研究与编写。教材根据幼儿教师的职业特点和专业发展需求、新时期幼儿教师的素质构成,形成了时代特征鲜明、实践性突出的课程设置和教材编写的整体思路,并成立了教材编写委员会,聘请富有教学经验和一定学术水平的学科带头人分别担任各科教材主编。

当前国家教师教育课程改革与幼儿教师专业发展所倡导的以学校为主体而开发的校本课程理论恰与我们的特色教育理论"不谋而合"。正是带着这种高度的认同感,我们怀着极大的热情投入到学前教育专业课程研发中。着眼于学生主动发展的教育价值观和为学生发展服务的基本价值取向,本着"以人为本"的课程理念,关注人的成长和发展,努力实现课程主客体之间互动互需互馈的理想效果,成为我们进行课程设计、课程内容改革和课程评价的原则和目标。本套教材以教育部新颁布的《教师教育课程改革标准》为依据,结合新下发的《幼儿教师专业标准(试行)》,以幼儿教师的专业核心课程为基础,以幼儿教师职业必备的专业知识和技能为着眼点,关注课程改革与创新,从发现学生的兴趣、尊重学生的选择、培养学生的特长出发,通过拓展、延伸,优化课程资源,引领学生在享受学习的快乐中主动发展。教材努力贴近幼儿教师岗位实际,尽量反映幼儿教师职业特点的新知识和新要求,并着力构建以实践为导向的课程体系与评价标准,为全面提高幼儿教师培养质量、造就高素质的应用型专门人才贡献微薄之力。

课程开发是一个富有创造力的工程,每一步设想和实践都渗透着教育的独特和创造性要求。立足实践,传承经典,通过整合、优化及创造性课程资源的开发和推广,我们在构建校本文化资源的同时,也构建了学校自身的特色,丰富了同类系列校本课程的资源,做出了有积极意义的尝试。我们坚信,学校应该是播种幸福、引领学生和教师共同发展的乐园。特色课程使学生各得其所,教师人尽其才,学校特色彰显。作为一项系统的重大工程,我们所做的工作不过是开了一个头,筚路蓝缕,开启山林。我们深感肩上担子的沉重和自身知识水平的匮乏,教材在知识性与趣味性、理论性与实践性的衔接、融合中还存在一些不足,我们期待同行专家的批评、指正。

卢新予

2012 年 3 月

前　言

在以计算机、网络为基础的信息技术高速发展的今天,获取信息、处理信息和发布信息的能力已经成为每个人必备的、最基本的能力。信息化是当今世界发展的趋势,是推动经济社会变革的重要力量。大力推进信息化,是覆盖我国现代化建设全局的战略举措,是建设创新型国家的迫切需要和必然选择。《教育信息化十年发展规划(2011—2020 年)》指出,"以教育信息化带动教育现代化,破解制约我国教育发展的难题,促进教育的创新与变革,是加快从教育大国向教育强国迈进的重大战略抉择。教育信息化充分发挥现代信息技术优势,注重信息技术与教育的全面深度融合,在促进教育公平和实现优质教育资源广泛共享、提高教育质量和建设学习型社会、推动教育理念变革和培养具有国际竞争力的创新人才等方面具有独特的重要作用,是实现我国教育现代化宏伟目标不可或缺的动力与支撑。"

本书编者依据《2006—2020 年国家信息化发展战略》、《中小学教师教育技术能力标准》、《全国中小学教师教育技术能力建设计划》以及《教育信息化十年发展规划(2011—2020 年)》,结合多年来的教学实践和组织计算机等级考试的经验,以提高学生计算机操作能力为本位,以"项目驱动"和"任务驱动"来完成教学目标,突出实用性和操作性,强调计算机基本操作能力的训练和加强,结合全国计算机等级考试(一级)的要求,组织编写了本教材,供全国幼儿师范高等专科学校、幼儿师范学校以及其他高职高专院校的学前教育专业学生使用。对于初学者而言,本书又是一本通俗易懂且很有实用价值的自学参考书。

本教材的编写力求体现非计算机专业计算机教学目标的实现,并充分注意到幼师学生的生源特点,结合高等学校在校生在计算机知识与能力方面应该达到的水平,以实现以下能力要求:

1. 掌握计算机软、硬件基础知识,具备使用计算机处理工作、生活、学习等日常事务的基

本能力;

2. 具备通过网络获取信息、筛选信息、分析信息、利用信息以及与他人交流的能力;

3. 具备使用典型应用软件或工具来解决本专业领域中问题的能力;

4. 了解计算机网络工具软件及发展迅速的电子商务方面的基本知识,具备"网上行走"的基本能力。

本教材以 120 学时内容进行安排,也可以满足 60 学时(授课与上机实验按 1 ∶ 1 比例)的教学安排。本书内容共 7 章,第 1 章计算机基础知识,由朱景立编写;第 2 章中文版 Windows 7 操作系统,由王培屹编写;第 3 章 Word 2010 文字处理软件和第 5 章 PowerPoint 2010 演示文稿软件,由谢美芳编写;第 4 章 Excel 2010 电子表格软件和第 7 章电子商务概述,由张莉编写;第 6 章计算机网络基础,由王治编写。本书在编写、出版过程中得到了郑州幼儿师范高等专科学校领导及全国其他幼儿师范(高等专科)学校的大力关怀和支持,在此特别感谢朱广祯、李金旭两位老师的大力协助。

由于编写时间仓促,水平有限,不足和疏漏之处在所难免,恳请尊敬的读者和专家批评指正。

编者

2013 年 5 月

目　录

第1章

计算机基础知识

计算机的发展和应用已不仅是一种科学的技术现象,而且是一种政治、经济、军事和社会现象。通过本章学习,初步认识计算机,了解计算机的发展、计算机系统的基本组成和工作原理,理解计算机的数字信息编码等基础知识,并对计算机的安全有一定认识。

1.1 初识计算机

计算机可以说是人类文明发展过程中最为伟大的科技发明之一,已广泛应用在社会的各个领域,没有计算机,就没有目前的社会信息化,它是社会信息化的载体和基础,计算机已经成为信息化社会中必不可少的工具。联合国重新定义的新世纪文盲标准分为 3 类:第一类,不能读书识字的人,这是传统意义上的老文盲;第二类,不能识别现代社会符号(即地图、曲线图等)的人;第三类,不能使用计算机进行学习、交流和管理的人。后两类被认为是"功能型文盲",他们虽然受过教育,但在现代科技常识方面,却往往如文盲般贫乏,在现代信息社会生活存在相当困难。

1.1.1 常用计算机分类

计算机是一种按照既定程序存储和处理数据并生成有用信息的电子装置。研制计算机的最初目的是为了提高计算速度,只是一台能进行计算的电子式、机械式"计算器",所以,人们把这样的计算器称为"计算机"。现代计算机又称为电脑(Computer),全称应该是"电子计算机"。当前常用的计算机有如下3类。

1. 台式电脑

个人计算机中最为常用的就是台式电脑,在 20 世纪俗称为"微机"(Personal Computer,PC),如图 1-1-1。它通常由主机、显示器、键盘和鼠标通过不同标准的线缆连接起来,当然还可以配置打印机、扫描仪、音箱、麦克风、摄像头等输入输出设备。

图 1-1-1 台式电脑

图 1-1-2 笔记本电脑

2. 笔记本电脑

笔记本电脑也称为手提电脑或膝上电脑,如图 1-1-2。其主要优点有体积小、重量轻、携带方便。一般说来,便携性是笔记本电脑相对于台式电脑最大的优势。

3. 平板电脑

2000 年 6 月,微软首度展示了还处在开发阶段的 Tablet PC。直到 2002 年 12 月 8 日,微软在纽约正式发布了 Tablet PC 及其专用操作系统 Windows XP Tablet PC Edition,这标志着 Tablet PC 正式进入商业销售阶段。2010 年 1 月 27 日,iPad 由苹果公司首席执行官史蒂夫·乔布斯在美国旧金山欧巴布也那艺术中心发布,平板电脑突然火爆起来,让各 IT 厂商将目光重新聚焦在"平板电脑"上。iPad 重新定义了平板电脑的概念和设计思想,从而使平板电脑真正成为一种带动巨大市场需求的产品。从微软提出的平板电脑概念产品上看,平板电脑就是一款无须翻盖、没有键盘、小到能够放入口袋,但功能却完整的 PC。如图 1-1-3,平板电脑的最大特点是强大的笔输入识别、语音识别、手势识别能力,且具有移动性。

图 1-1-3 平板电脑

图 1-1-4 多媒体计算机主要组成部件

1.1.2 正确的开机和关机

从外部观察,一台多媒体计算机主要有下列设备组成:主机、显示器、鼠标、键盘、多媒体音箱、打印机、扫描仪等。如图 1-1-4。

1. 如何开机

首先认真观察要使用的计算机是否联接有各种外部设备,即常说的外设,再进行操作。

正确的开机程序是:先开外设电源(比如显示器、打印机、音响等电源),再按下计算机主机箱上的电源按钮。从打开各类设备电源到计算机操作系统完全启动,需要若干秒的等待时间,这段时间是计算机在对所有的硬件进行检测,为能够正常使用做准备。

2. 如何关机

正确的关机程序是:先关闭所有打开的应用程序,再单击桌面左下角 ![]【开始】按钮,打开"开始"菜单,找到"关机"命令,实现计算机的正确关闭。

直接切断计算机外接电源是大忌,这样很容易造成各类应用程序及数据损坏,甚至造成操作系统崩溃。

1.1.3　鼠标和键盘的使用

鼠标和键盘是计算机最为基本的输入控制设备。

1. 鼠标

鼠标是由美国人 Douglas Engelbart 发明的,20 世纪 60 年代初,他在一个会议上随手在笔记本(可不是笔记本电脑哦)上画出了一个在底部使用两个互相垂直的轮子的装置草图,这就是鼠标的雏型。1964 年,他再次对这种装置的构思进行完善,动手制作出了第一个成品,因此 Douglas Engelbart 也被称为"鼠标之父"。由于该装置像老鼠一样拖着一条长长的连线(像老鼠的尾巴),Douglas Engelbart 和他的同事在实验室里把它戏称为"Mouse",他当时也曾想到将来鼠标有可能会被广泛应用,所以在申请专利时起名叫"显示系统 X－Y 位置指示器",但是人们觉得"Mouse"这个名字更亲切,于是就有了"鼠标"的称呼。

图 1－1－5　三键鼠标

鼠标的划分标准很多,目前常用的多为三键鼠标,如图 1－1－5 所示。按接口类型可分为 PS/2 和 USB 型;按工作原理可分为机械式和光电式;还可分为有线和无线式。

2. 键盘

按键盘的键数可分为 86 键键盘、101 键键盘、104 键键盘(即 Win95 键盘)、Win98 键盘。自从 Windows 操作系统成为计算机主流操作系统后,键盘上大都带有 ![] 键位,加上不同厂家生产出各种个性键盘,就不再严格用键数来对键盘分类了。

(1) 键盘布局

如图 1－1－6,键盘一般可分为 4 个区:主键盘区、功能键区、编辑键区和小键盘区。键盘上的主要按键分为两大类:一类为字符键(包括数字、英文字母、标点符号、空格键等),另一类为控制键(包括特殊控制键、功能键等)。

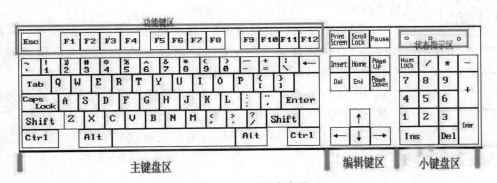

图 1－1－6　键盘布局

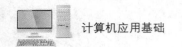

（2）主键盘区

主键盘区包括字符键（字母键、数字键、特殊符号键）及一些用于控制方面的键。如图 1－1－7。

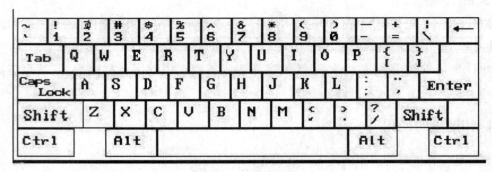

图 1－1－7　主键盘区

主键盘区是键盘上使用最为频繁的一个区域，这个区域的键位主要用来输入数据、文字、标点符号以及特殊符号，当然控制键也在这个区域。

字符键就是每敲一次就会在显示器屏幕上出现相应的字符。

字符键具体包括：

① 数字键：0,1～9,共 10 个。

② 字母键：英文 26 个字母（大小写同位，输入大写字母时，需要提前按下 CapsLock 键，这时指示灯区的 CapsLock 指示灯是亮的）。

③ 特殊符号键：～！·＃￥％……—＊（）—＋{}[]：";''《》＝。

④ 空格键（Space）：每敲一次光标移动一个空格。

⑤ 回车键（Enter）：用于对一个操作的肯定，也用于光标移到下一行的操作。

⑥ 制表键（Tab）：每敲一次光标右移一个制表位，默认为 8 个字符。

⑦ 退格键（Backspace）：每敲一次光标左移一个字符位置，并且删除该位置字符。

⑧ 大小写字母转换键（CapsLock）：按下该键，键盘输入大写字母；再按一次复原，则键盘输入小写字母。

⑨ 复合键：必须与其他键配合使用。

⑩ 换档键（Shift）：和双字符键组合使用，用于控制双字符键上下档两个符号的输入。按下该键时输入上面字符，松开该键时输入下面字符。

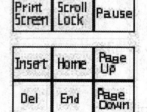

⑪ 控制键（Ctrl）：与一些键组合使用，不同的组合实现不同的功能。

⑫ 转换键（Alt）：与一些键组合使用，不同的组合实现不同的功能。

（3）编辑键区

编辑键区包括光标键、插入键等。如图 1－1－8,该区集合了对光标进行操作的所有键以及一些页面操作功能键。

① 光标键：在编辑过程中，用于移动光标。上、下、左、右 4 个有箭头的方向键用于向 4 个方向移动光标位置，Home、End 键用于将光标移动到一行字的行首或行尾，PgUp、PgDn 键用于光标前后移动一页。

② 插入键（Insert）：用于在编辑中实现插入状态与改写状态的转换。

③ 删除键（Delete）：用于删除光标当前位置的字符。

④ 屏幕打印键（PrtSc SysRq）：用于全屏截图，以图片的形式复制到剪贴板中。

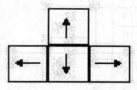

图 1－1－8　编辑键区

⑤ 滚动锁定键(Scroll Lock)：屏幕处于滚动状态时，使其停止滚动。

⑥ 暂停键(Page Up)：可以终止某些程序的执行。

（4）小键盘区

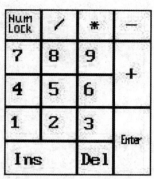

图 1-1-9　小键盘区

小键盘区（数字小键盘区），如图 1-1-9，此键区主要是数字键和运算符号键。其中数字键是双字符键位，下档字符的功能与编辑区对应的功能相同。辅助键区常用于数字输入和数学运算。

（5）功能键区

功能键区，如图 1-1-10，指的是键盘最上方的一排键，每个键的功能不是唯一的，在不同软件程序中功能不尽相同。

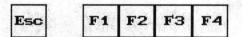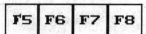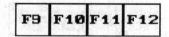

图 1-1-10　功能键区

① Esc 键：取消键，用来取消或终止某种操作。

② F1～F12 键：在不同软件程序中功能不尽相同。

（6）状态指示区

状态指示区，如图 1-1-11，此区有 3 个状态指示灯。

① Num Lock 灯：用于指示小键盘的状态，灯亮表示小键盘处于打开状态，反之关闭。

② Caps Lock 灯：用于指示英文字母的输入状态，灯亮表示处于大写字母输入状态，反之处于小写字母输入状态。

③ Scroll Lock 灯：灯亮表示屏幕被锁定。

Num Lock　　　Caps Lock　　　Scroll Lock

图 1-1-11　状态指示区

3. 键盘的基本操作

键盘操作是使用计算机的基本功，一定要按照基本指法进行规范练习。借助各类打字训练软件进行练习，可以快速提高打字速度，各类打字软件里的帮助系统都有键盘基本指法方面的内容。

（1）操作要领

正对键盘，挺直腰身，双脚自然落地，切勿交叉或单脚着地。

肩部放松，两手自然轻放于基本键上，切勿手臂和腕部压住键盘或靠在桌上。

座位高度要适中，注视屏幕，切勿频繁观看键盘。

（2）操作指法

基本键位：基本键位位于主键盘区的中间一行，共 8 个键：asdfjkl;，对应的两手手指位置如表 1-1-1 所示，两手的大拇指轻轻放在空格键上。

表 1-1-1　基本键位表

A	S	D	F	G	H	J	K	L	;
小指	无名指	中指	食指			食指	中指	无名指	小指
左手拇指(空格键)					右手拇指(空格键)				

（3）击键方法

击键时两眼看显示器屏幕或文稿，不看键盘，养成"盲打"习惯，利于提高打字速度。

手腕平直，手臂只在敲击不同键时有小幅移动。以指尖击键，瞬间发力，富于弹性，触键后立即反弹，并随时记住返回基本键位。指法如图 1-1-12 所示,空格键由左右拇指控制。

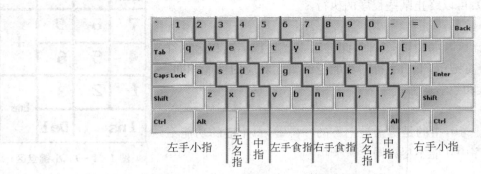

左手小指　无名指　中指　左手食指　右手食指　无名指　中指　右手小指

图 1-1-12　计算机键盘指法图

(4) 软键盘的使用

当前能在 Windows 7 操作系统下运行的文字输入法很多,大都带有软键盘设置,利用软键盘,可输入希腊字母、注音符号、数学符号、特殊符号等。当然在键盘出现故障时,也可使用软键盘以临时应急进行输入。以微软 ABC 输入法为例,使用如下。

调出微软 ABC 输入法,用鼠标左键单击 ■ 图标,选择软键盘,会弹出如图 1-1-13 所示的软键盘列表。

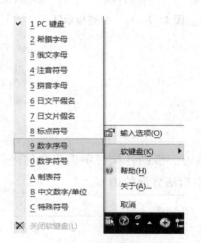

图 1-1-13　软键盘列表

图 1-1-14　"数学符号"软键盘

在软键盘菜单列表中,左键单击所需的软键盘名称,显示器右下方即出现一个软键盘。以"数学符号"软键盘为例,如图 1-1-14 所示。

此时若再敲键盘上的键,输入的就是相应的数学符号了。如敲"W"键,显示器屏幕上出现的就是"＋"号。也可用鼠标直接点击软键盘上的键输入相应符号。

1.2　计算机的发展及应用

计算机的发展过程是一个让人们激动的过程,它的出现将在人类文明发展史上留下不可磨灭的光辉。下面从计算机的发展历史、现代计算机的发展阶段、现代计算机的分类和计算机的发展趋势来介绍计算机的发展及应用。

1.2.1　计算机的发展历史

公元前 5 世纪,中国人发明的算盘被认为是最早的计算机,并一直使用至今。现在虽然已经进入了电子计算机时代,但是古老的算盘仍然发挥着重要的作用。使用算盘,除了运算方便以外,还有锻炼思维能力的作用,因为打算盘需要脑、眼、手的密切配合,是锻炼大脑的一种好方法。

直到 17 世纪,计算设备才有了第二次重要的进步。欧洲的一些科学家陆续发明了许多计算装置,但依然停留在"机械装置"层面。19 世纪英国人 Charles Babbage 设计了差分机(如图 1-2-1)和分析机(如图 1-2-2),其中设计的理论非常超前,类似于百年后的电子计算机,特别是利用卡片输入程序和数据的设计被后人所采用。

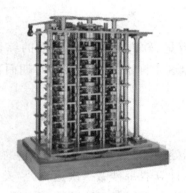　　　　

图 1-2-1　差分机　　　　　　　　　　　图 1-2-2　分析机

在这之前的计算机,都是基于机械运行方式,尽管有个别产品开始引入一些电学内容,但都是从属于机械的,都不具备逻辑运算功能。直至 20 世纪初,美国的 Lee De Forest 发明了电子管,这为电子计算机的发展奠定了基础。随着电子技术的飞速发展,计算机开始了由机械时代向电子时代的过渡,电子越来越成为计算机的主体,机械越来越成为从属,二者的地位发生了变化,计算机也开始了质的转变。

1.2.2　现代计算机的发展阶段

1946 年 2 月 14 日人类第一台电子计算机(如图 1-2-3)ENIAC 在美国宾夕法尼亚大学诞生,它由近 18 000 个电子管和其他电子元件组成,重 30 t,占地 160 m^2,运算速度为5 000 次/秒。ENIAC 的问世,是为生产火箭、导弹、原子弹等现代武器装备进行复杂数学计算而制造的,作为人类科学发展史上的一次重大创新,开辟了一个以计算机技术、网络技术为核心的人类新时代——信息化时代。

计算机的发展,根据其所采用的主要电子元件的不同,可以分为 4 代。

图 1-2-3　第一台电子计算机

① 第一代计算机(1946~1958 年):为现代计算机的原始发展阶段,它以 ENIAC 为代表,使用的逻辑元件是电子管,运算速度只有几千次每秒;结构上以中央处理机为中心,使用机器语言,存储量小,主要用于数值计算。

② 第二代计算机(1958~1964 年):在 ENIAC 产生后的几年间,计算机科学有了长足的发展,最突出的是计算机的逻辑元件由电子管发展到了晶体管,结构上以存储器为中心,使用操作系统及高级程序语言,应用范围扩大到数据处理和工业控制。

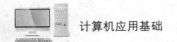

③ 第三代计算机(1964～1970 年)：为"集成电路"计算机，其中大量晶体管被集成在一块电路板上，成为一个具有单独功能的模块；结构上仍以存储器为中心，所使用软件中的操作系统进一步出现了多种高级程序设计语言，主要应用于科学计算、数据处理及过程控制等领域。

④ 第四代计算机(1970 年至今)：为"大规模集成电路"计算机，大规模、超大规模集成电路是这一代计算机所全面采用的逻辑元件。这一时代开始的标志是 1971 年由 Intel 公司总设计师特德·霍夫曼设计和发布的世界首枚微处理器芯片 Intel 4004。这个指甲大的芯片上集成了多达 2 000 个晶体管，处理能力却相当于 ENIAC。这个时代的计算机运算速度已高达每秒数百万甚至几亿次(Pentium 4 的速度是平均每秒执行 4 亿条指令)，采用半导体作为主存储器，在软件方面发展了分布式操作系统、数据库系统及软件工程标准化等，其应用遍及人类生活的各个方面。

1.2.3 现代计算机的分类

在通用计算机中，按照计算机的运算速度、字长、存储容量、软件配置等多方面的综合性能指标将计算机分为巨型机、大型机、小型机、工作站、微型机等几类，这个标准只是就某一时期而言。大致分类如下。

1. 巨型机

巨型机是计算机中性能最高、功能最强、数值计算与数据处理能力最强的计算机，它的运算速度可达每秒几百亿次运算。它一秒内的计算量相当于一个人用袖珍计算器每秒做一次运算、一天 24 小时、一年 365 天连续不停地工作 31 709 年。这种计算机使研究人员可以研究以前无法研究的问题，主要应用于核武器、反导弹武器、空间技术、大范围天气预报、石油勘探等领域。例如研究更先进的国防尖端技术、估算 100 年以后的天气、更详尽地分析地震数据以及帮助科学家计算毒素对人体的作用等。

例如美国能源部橡树岭国家核实验室的"Jaguar(美洲豹)"，主要供模拟核试验和计算美国现有核武器储存可靠性所用。2010 年 10 月，我国首台千万亿次超级计算机"天河一号"，是目前已知的全球最快计算机，与美国"美洲虎"超级计算机相比，"天河一号"二期系统的实测性能是它的 1.425 倍。

很多国家竞相投入巨资开发速度更快、性能更强的超级计算机。巨型机的研制水平、生产能力及其应用程度，已成为衡量一个国家经济实力和科技水平的重要标志。

2. 大型通用机

"大型通用机"是对一类计算机的习惯称呼，本身并无十分准确的技术定义。其特点表现在通用性强、具有很强的综合处理能力、性能覆盖面广等，主要应用在公司、银行、政府部门、社会管理机构和制造厂家等，通常人们称大型机为"企业级"计算机。在信息化社会里，随着信息资源的剧增，带来了信息通信、控制和管理等一系列问题，而这正是大型机的特长。未来将赋予大型机更多的使命，它将覆盖企业所有的应用领域，如大型事务处理、企业内部的信息管理与安全保护、大型科学与工程计算等。

3. 小型机

小型机性能较好、结构简单、设计制造周期短，便于及时采用先进工艺。一般是指采用 8～32 颗处理器，性能和价格介于 PC 服务器和大型主机之间的一种高性能 64 位计算机。小型机应用范围广泛，常用在工业自动控制、大型分析仪器、测量仪器、医疗设备中的数据采集、分析计算等，用作巨型、大型计算机系统的辅助机，并广泛运用于企业管理以及大学和研究所的科学计算等方面。

4. 工作站

工作站是一种高档的微机系统。具有较高的运算速度，既具有大、中、小型机的多任务、多用户能力，又兼具微型机的操作便利和良好的人机界面。其最突出的特点是图形图像处理性能优越,在工程领域、特别是在计算机辅助设计(CAD)领域得到广泛运用。人们常说工作站是专为工程师设计的机型。目前,多媒体等各种新技术已普遍集成到工作站中,使其更具特色。它的应用领域也已从最初的计算机辅助设计扩展到商业、金融、办公、动漫领域,并频频充当网络服务器的角色。

5. 微型机

微型机也被称为个人计算机,在我们的工作和生活中,随处可以见到的计算机就是所谓的微型机。1971 年,美国 Intel 公司在一个芯片上实现了中央处理器的功能,制成了世界上第一片 4 位微处理器 MPU(MicroProcessing Unit),也称 Intel 4004,使用它组成了第一台微型计算机 MCS－4,由此揭开了微型计算机大普及的序幕。随后,相继推出了 8 位、16 位、32 位微处理器。芯片内的主频和集成度也在不断提高,芯片的集成度几乎每 18 个月就提高一倍,而由它们构成的微型机在功能上也不断完善。

认为"微型机和工作站已全面赶上和超过小型机,小型机将淘汰"的看法是片面的,其实今天的微型机和工作站的主要性能已全面赶上和超过十年前的小型机。同样,今天的小型机已全面赶上和超过十年前的大、中型机。

上述分类是相对的,随着计算机技术的发展,今天的微型机或移动 PC 性能已远远超过了早期的大型机。微型机与巨、大、中、小型计算机的区别是其中央处理器(CPU)是集中在一小块芯片上的,因此,微型机的 CPU 也被称为微处理器 MPU。

1.2.4　计算机的发展趋势

谈到计算机的发展趋势,先来了解一下摩尔定律和冯·诺依曼结构。

摩尔定律是由英特尔(Intel)创始人之一戈登·摩尔(Gordon Moore)在 1965 年提出的,号称"计算机第一定律"。其内容为:当价格不变时,集成电路上可容纳的晶体管数目,约每隔 18 个月便会增加一倍,性能也将提升一倍。换言之,每一美元所能买到的电脑性能,将每隔 18 个月翻两倍以上。这一定律揭示了信息技术进步的速度,对于摩尔定律,很多人认为是对计算机发展的一个局限,但我们不妨把它看作是一种鼓励,推动着计算机的发展。

1945 年,冯·诺依曼首先提出了"存储程序"的概念和二进制原理,后来,人们把利用这种概念和原理设计的电子计算机系统统称为"冯·诺依曼型结构"计算机。冯·诺依曼结构的处理器使用同一个存储器,经由同一个总线传输。简单地说,电子计算机是由运算器、控制器、存储器、输入和输出设备 5 部分组成,这种结构一直沿用至今。

未来的计算机将会从根本上突破传统的冯·诺依曼结构,摩尔定律也将失效,将会出现新的计算机设计思想。未来的计算机发展趋势为巨型化、网络化、微型化和智能化。

1. 巨型化

巨型化是指运算速度更快、存储容量更大、功能更强、可靠性更高。如我国首台千万亿次超级计算机"天河一号"。巨型机的研制水平、生产能力及其应用程度已成为衡量一个国家经济实力和科技水平的重要标志。

2. 网络化

网络化是指将分布在不同地理位置的计算机系统通过通讯介质互联起来,组成能够实现硬件、软件资源共享和互相交流的新型计算机网络。比如目前流行的云计算或云服务概念。

3. 微型化

微型化是指计算机将会变得体积更小、功能更强、适用范围更广、价格更便宜。

4. 智能化

智能化是指要求计算机能模拟人的感觉和思维能力,使其具有思考、推理、联想和证明等学习和创造的功能,真正达到替代人的思维活动。

1.2.5　计算机的应用

计算机是人类文明发展过程中最为伟大的科技发明之一,已广泛应用在社会的各个领域。计算机的三大应用领域是科学计算、信息处理和过程控制。

1. 信息技术发展历程

第一次是语言的使用,语言成为人类进行思想交流和信息传播不可缺少的工具。(时间:后巴别塔时代。)

第二次是文字的出现和使用,使人类对信息的保存和传播取得重大突破,较大地超越了时间和地域的局限。(时间:铁器时代,约公元前 14 世纪。)

第三次是印刷术的发明和使用,使书籍、报刊成为重要的信息储存和传播的媒体。(时间:第六世纪中国隋代开始有刻板印刷,至 15 世纪才进入臻于完善的近代印刷术。)

第四次是电话、广播、电视的使用,使人类进入利用电磁波传播信息的时代。(时间:19 世纪。)

第五是计算机与互联网的使用,即网际网络的出现。(时间:现代,以 1946 年电子计算机的问世为标志。)

2. 巴别塔时代将重现

《圣经》中《创世记》记载了人类历史初期,人类语言相通(天下人的口音言语都是一样),能够无障碍交流与合作,便自以为无所不能,可与神相等。因此"他们彼此商量说,'我们要建造一座城和一座塔,塔顶通天,为要传扬我们的名,免得分散在全地。'"(《创世纪》11 章 4 节)。但神不容许人类离开本位,破坏神所定的纪纲,因此在一夜之间变乱他们的口音,使他们无法继续建造而告终止。人类自此开始分散各地,那建造的城便叫"巴别",就是"变乱"的意思。建造中断的塔便叫"巴别塔"。巴别塔事件成为人类文明由统一而变为多元的分水岭。此后,世界大同便一直成为人类的普遍梦想,实现这一梦想最大的阻碍便是语言,什么时候人类有办法将语言的隔阂除去,便有可能恢复到巴别塔时代。

20 世纪是一个大移民浪潮的时代,移民浪潮的方向,就是涌向城市,向发达地区移动。20 世纪便成为一个世界迅速都市化的时代。据估计,1900 年,每 20 人中只有 1 人住在城市;今天,每两个人中就有 1 个人住在城市里;到了 2020 年,全世界四分之三的人口都将住在城市里。当人们聚居在一起时,语言统一便成为了可能。世界语言的发展趋势使少数人群使用的语言迅速消失,主要被使用的语言越来越成为大多数人的共通语,如英语、华语、西班牙语、法语、阿拉伯语及俄语等。在如此趋势之下,计算机终能克服人类语言隔阂的问题。

计算机翻译令人可兼通多国语,因为计算机的其中一种极有用的功能便是能作语言翻译。计算机翻译的最早设想在 20 世纪 50 年代进入试验阶段,至今已经经历了 3 代:第一代只会逐词翻译,不会分析语法,也不会用词造句;第二代会分析语法;第三代能分析语义。日本的第三代电子翻译机能进行日英语互译;美国西斯琼翻译规则系统能把俄语、法语、德语译成英语。有一次在苏黎世大学表演时,6 分钟内把三万俄文译成英文,译文的质量都能符合情报需要。世界语言学家正在研究创立一种特殊的新语言:媒介语。届时只需将要翻译的语言(最终需要翻译的主要语言已寥寥无几)在计算机里先转换成媒介语,便能简单地译成各种其他不同的语言了。计算机解决人类语言问题的日子已不远,人类交流的语言障碍一旦除去,科技文明必将更迅速普及全球,开启一个新智能纪元。

人类自我神化时代,计算机科技使人觉得近于无所不能,今天的人们比巴别塔时代的人更能夸口说:

"我们没有什么做不到的事。"新世纪运动者曾宣告:"只要脑里想得到的,人就做得到。"(What mind can conceive, man can achieve.)美国太空署(NASA)也有一句流行的话:"艰难的事我们马上去做,不可能的事只需多花点时间。"(The difficult we do immediately, the impossible may take a little longer.)

3. 计算机应用的意义

计算机在各行各业中的广泛应用,常常产生显著的经济效益和社会效益,从而引起产业结构、产品结构、经营管理和服务方式等方面的重大变革。

计算机还是人们的学习工具和生活工具,借助家用计算机、个人计算机、计算机网络、数据库系统和各种终端设备,人们可以学习各种课程,获取各种情报和知识,处理各种生活事务。越来越多的人在工作、学习和生活中将与计算机发生直接或间接的联系。普及计算机教育已成为一个重要的问题。

总之,计算机的发展和应用已不仅是一种科学的技术现象,而且是一种政治、经济、军事和社会现象。

1.3 计算机系统组成

计算机系统(本书指微型计算机系统)包括硬件系统和软件系统。硬件系统是实体部分,看得见,摸得着。软件系统是建立在硬件基础之上,让计算机硬件"动起来"的各种程序。如果把硬件比作人的躯体,那么软件就是思想,两者互相依存、相互促进。计算机系统结构,如图 1-3-1。

图 1-3-1 微型计算机系统结构图

1946 年美籍匈牙利数学家冯·诺依曼提出"存储程序控制"原理,这一原理确立了现代计算机的基本组成和工作方式。"存储程序控制"原理的基本内容如下。

① 用二进制数制表示数据和指令;

② 将程序(数据和指令)预先存放在存储器中,使计算机能自动高速地从存储器中取出指令并执行指令,由此奠定了现代计算机体系结构的根基;

③ 确立计算机系统 5 大基本部件：运算器、控制器、存储器、输入和输出设备。

冯·诺依曼思想奠定了现代电子计算机的基本结构，开创了程序设计的时代。

1.3.1　计算机的硬件

组成计算机的基本部件有中央处理器 CPU（运算器和控制器）、存储器、输入设备和输出设备。下面介绍常见的计算机散件，包括 CPU、存储器、输入设备、输出设备、主板。

1. 中央处理器 CPU

CPU 也叫中央处理器，如图 1-3-2。早期的计算机中分为运算器和控制器，随着技术的进步，由于电路集成度的提高，就把它们集成在一个芯片中了。CPU 具有以下 4 个方面的基本功能：指令顺序控制、操作控制、时间控制、数据加工。

图 1-3-2　中央处理器 CPU

2. 存储器

存储器是计算机系统中的记忆设备，用来存放程序和数据。计算机中的全部信息，包括输入的原始数据、计算机程序、中间运行结果和最终运行结果都保存在存储器中，它根据控制器指定的位置存入和取出信息。存储器的分类，如表 1-3-1。

表 1-3-1　存储器的分类

名称		用途	特点
内存储器	随机存取存储器 RAM	随机地按指定地址向存储单元存入、取出或改写信息。断电后信息丢失。	存取速度较快，存储容量不大。如内存条。
	只读存储器 ROM	只能随机读出存储内容，而不能写入。断电后信息不会丢失。	存取速度比 RAM 快，存储容量很小。如固化在主板上的一些芯片。
	高速缓冲存储器 Cache	随着 CPU 速度的提高，RAM 的速度很难满足高速 CPU 的要求，在 CPU 和内存之间设置的高速小容量内存。	存取速度快，但存储容量小。比如 CPU 中的缓存、硬盘上的缓存。
外存储器		又称为辅助存储器，是长期保存信息的重要外部设备。	存储容量大，成本低。如硬盘、光盘、U 盘、移动硬盘、早期的磁带和软盘。

图 1-3-3、图 1-3-4 和图 1-3-5 分别是内存条、硬盘和移动硬盘。

图 1-3-3　内存条

图 1-3-4　硬盘

图 1-3-5　移动硬盘

3. 输入设备和输出设备

输入设备是向计算机传送信息的装置。最常用的输入设备是键盘和鼠标。另外，还有扫描仪、数位板（如图 1-3-6）等。

输出设备是将计算机处理过的信息呈现在外部媒介上。最常用的输出设备是显示器和打印机。另外，还有绘图仪、音箱等。

图 1-3-6　数位板

图 1-3-7　主板

4. 主板

主板是计算机内最大的一块集成电路，也是最为主要的部件之一。它上面包括基本的 I/O 接口、中断控制器、DMA 控制器和总线，如图 1-3-7。

1.3.2　计算机的软件

软件系统分为系统软件和应用软件。

1. 系统软件

系统软件是指控制、协调计算机及外部设备并支持应用软件开发和运行的系统，是无需用户干预的各种程序的集合。主要功能是调度、监控和维护计算机系统，负责管理计算机系统中各种独立的硬件，使得它们可以协调工作。它包括操作系统、语言处理程序、数据库系统等软件。

（1）操作系统

在计算机软件中最重要且最基本的就是操作系统（OS）。它是最底层的软件，它控制所有计算机运行的程序并管理整个计算机的资源，是计算机裸机与应用程序及用户之间的桥梁。没有它，用户也就无法使用各种软件或程序。比如 Windows、UNIX、Linux、MacOS、Android 等。

（2）语言处理程序

常用语言处理程序主要有汇编程序、编译程序、解释程序和相应的操作程序等组成。它是为用户设计的编程服务软件，其作用是将高级语言源程序翻译成计算机能识别的目标程序。用一句话来简单形容，即编程语言程序。例如 C 语言、C♯和 JAVA 等。

（3）数据库系统

数据库系统（Data Base System，简称 DBS）通常由数据库、数据库管理程序和数据管理员组成。数据库由数据库管理程序统一管理，数据的插入、修改和检索均要通过数据库管理程序进行。数据管理员负责创建、监控和维护整个数据库，使数据能被任何有权使用的人根据授权进行使用。数据库管理员一般是由业务水平高、技术能力强的人员担任。常用于图书管理、财务管理、档案管理及人事管理等方面。常用的数据库系统有 Visual FoxPro、MySQL、Oracle 和 SQL Server 等系统。

2. 应用软件

为完成某种具体的应用性任务而编制的软件称为应用软件。

在操作系统支持下，有许多应用软件提供给用户使用，如办公应用软件 Microsoft Office 系列、办公应用国产软件 WPS、图像处理软件 PhotoShop、动画制作软件 Maya、即时通讯软件 QQ 等。

Microsoft Office 是迄今为止最重要的办公应用软件，它包含了所有行政办公、普通电脑应用者必须且经常使用到的文字输入/编排、表格创建、数据计算/统计、文稿演示、简单网页宣传界面制作及网络间的通讯交流等。Office 2010 是 Microsoft 公司推出的 Office 系列软件的一个版本。它由 Word 2010、Excel 2010、PowerPoint 2010 等组件组成。这些组件可以大大提高人们的办公效率，简化了人们使用信息的方式以及彼此协作的方式，使每个人都能轻松地创建、共享和分析重要数据。

1.4　计算机的数字信息编码

计算机最为基本的功能是进行数的计算和处理，这些"数"可以是数字、汉字、字符、图片和视频等。在计算机系统中，不管是什么样的数都是用二进制码形式表示的。用"1"和"0"来表示电子学中的电压"高"和"低"，非常容易实现。二进制其编码、计数、加减运算规则简单，又非常便于逻辑上"是"和"非"的表示。

1.4.1　计算机中数的表示

日常生活中，我们最为熟悉的数的形式是十进制数，当然还有其他进制，如七进制，一周七天；六十进制，一小时六十分等。在计算机中则采用的是二进制数。

1. 进位计数制的概念

进位计数制是指按某种进位原则进行计数的一种方法。数的表示涉及两个主要问题：权和基数。

以十进制数为例。对整数部分，每一位的权从右到左依次为 10^0，10^1，10^2，10^3，即平常所说的个、十、百、千、万等。对小数部分，每一位的权从左到右依次为 10^{-1}，10^{-2}，10^{-3}，10^{-4} 等，即平常所说的十分之一、百分之一、千分之一、万分之一。可以得出其计数规则是"逢十进一"。任意一个十进制数，都可以用一个多项形式来表示。例如：十进制数 432.1 可以表示成

$$(432.1)_{10} = 4 \times 10^2 + 3 \times 10^1 + 2 \times 10^0 + 1 \times 10^{-1},$$

同理，对一个 R 进制数 N 可表示成

$$(N)_R = a_n \times R^n + a_{n-1} \times R^{n-1} + \cdots a_1 \times R^1 + a_0 \times R^0 + a_{n-1} \times R^{n-1} + \cdots + a_m \times R^{-m}.$$

因此,对二进制数来说,其规律有以下 3 点:

① 数字的基数是 2 个,即各数位只允许是 0 和 1,共两个数;

② 每个数位代表的数值,等于该数位上的数乘以 2 的整次幂,幂的大小取决于该数所在位置;

③ 计数规则是"逢二进一"。

同样道理,八进制、十六进制规律相同,只是进制不同而已。

常用的进制数对应关系,如表 1-4-1。

表 1-4-1　常用进制数对应关系

十进制	二进制	八进制	十六进制	十进制	二进制	八进制	十六进制
0	0	0	0	8	1000	10	8
1	1	1	1	9	1001	11	9
2	10	2	2	10	1010	12	A
3	11	3	3	11	1011	13	B
4	100	4	4	12	1100	14	C
5	101	5	5	13	1101	15	D
6	110	6	6	14	1110	16	E
7	111	7	7	15	1111	17	F

2. 二进制数的特点和运算

(1) 二进制数的特点

计算机系统中之所以选择二进制,是因为每一位二进制数非常适合对电路或元件进行表示。如电平的高低、晶体管的导通与截止,可分别用来表示 1 和 0。

二进制还适合逻辑运算。在计算机的非数值计算应用中,二进制数的 1 和 0 正好与逻辑代数中的"真"和"假"两种逻辑值相对应。

(2) 二进制算术运算规则

加法: $0+0=0,0+1=1+0=1,1+1=0$ (有进位);

减法: $0-0=0,1-0=1,1-1=0,0-1=1$ (有借位);

乘法: $0*0=0,0*1=1*0=0,1*1=1$;

除法: $0÷0=0,0÷1=0,1÷0=0$ (无意义), $1÷1=1$。

3. 十进制转换为二进制、八进制和十六进制

由于本书适用范围的原因,这里只讲整数转换规则,不涉及小数运算。

(1) 十进制数转换成二进制数

整数的转换规则:连除以 2,直到商为 0,从下而上取其余。

例 1　将十进制数 35 转换为二进制数。

解　2　　　35 ……余 1
　　　　2　　17 ……余 1
　　　　　2　　8 ……余 0
　　　　　　2　　4 ……余 0
　　　　　　　2　　2 ……余 0
　　　　　　　　2　　1 ……余 1
　　　　　　　　　　0

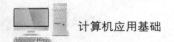

所以，$(35)_{10} = (100011)_2$。

（2）十进制数转换成八进制数

十进制转换成八进制与十进制转换成二进制的方法类似，只不过其权由 2 变成了 8，连除以 8，直到商为 0，从下而上取其余。

例 2 将十进制数 12345 转换为八进制。

解　8　12345　……余 1
　　　　8　　1543　……余 7
　　　　　8　　192　……余 0
　　　　　8　　24　……余 0
　　　　　8　　3　……余 3
　　　　　　　0

所以，$(12345)_{10} = (30071)_8$。

（3）十进制数转换成十六进制数

同理，连除以 16，直到商为 0，从下而上取其余。

例 3 将十进制数 19356 转换为十六进制。

解　16　19356　……余 C
　　　　16　　1209　……余 9
　　　　　16　　75　……余 B
　　　　　16　　4　……余 4
　　　　　　　0

所以，$(19356)_{10} = (4B9C)_{16}$。

4. 不同进制数之间的互相转换

（1）二进制数与十六制数互相转换

规则：一位十六进制数对应 4 位二进制数，互换时以 4 位二进制数为一个组，从右往左进行分组，每个组作相应变换即可。如果最后一组不足 4 位，可以加 0 补齐。

例如：$(110001101)_2 = (18D)_{16}$，$\underset{1}{\underline{0001}}$ $\underset{8}{\underline{1000}}$ $\underset{D}{\underline{1101}}$

$(23EF)_{16} = (10001111101111)_2$。$\underset{2}{\underline{0010}}$ $\underset{3}{\underline{0011}}$ $\underset{E}{\underline{1110}}$ $\underset{F}{\underline{1111}}$

（2）二、八、十六进制数转换成十进制数

用第 n 位乘以权的 n−1 次方，求其和。例如：

$(11000101)_2 = 1 \times 2^7 + 1 \times 2^6 + 0 \times 2^5 + 0 \times 2^4 + 0 \times 2^3 + 1 \times 2^2 + 0 \times 2^1 + 1 \times 2^0 = 197$，

$(3127)_8 = 3 \times 8^3 + 1 \times 8^2 + 2 \times 8^1 + 7 \times 8^0 = 1536 + 64 + 16 + 7 = 1623$，

$(2DA3)_{16} = 2 \times 16^3 + D \times 16^2 + A \times 16^1 + 3 \times 16^0 = 8192 + 3072 + 160 + 3 = 11427$。

当涉及二进制、八进制、十六进制之间互相转换的时候，一个比较原始的办法，就是先转换为熟悉的十进制，再进行转换。

1.4.2　计算机中信息的编码

从本质上说计算机只"认识"两个数字，就是"1"和"0"，即任何数据要交给计算机处理都必须用二进制数 1 和 0 表示，这个过程就是编码。

1. 数字编码（BCD 码）

BCD（Binary Coded Decimal）码也被称为 8421 码，因为人们已经习惯了十进制数，通过 4 位二进制数来表示十进制数，8421 是这 4 位二进制数的权。10 个十进制数与二进制数对应 BCD 码如表 1−4−2。

表 1－4－2　十进制数与二进制数对应 BCD 码

十进制数	BCD 码	十进制数	BCD 码
0	0000	5	0101
1	0001	6	0110
2	0010	7	0111
3	0011	8	1000
4	0100	9	1001

2. 字符编码（ASCII 码）

除了数字编码，另一大类数据如字符、各种字母和符号也需要进行二进制来编码后，计算机才能处理。计算机中常用的字符编码有 EBCDIC 码和 ASCII 码。IBM 系列大型机采用 EBCDIC 码，微型机采用的是 ASCII 码。

ASCII 编码是美国信息互换标准代码（American Standard Code for Information Interchange）的简写，是基于英语的一种编码方式，用于计算机的信息传输，被国际化组织指定为国际标准。它有 7 位码和 8 位码两种版，国际的 7 位 ASCII 码是用 7 位二进制数表示一个字符的编码。

ASCII 码共定义了 256 个代码（从 0～255）：从 0～32 位为控制字符（ASCII control characters），从 33～127 位为可打印字符（ASCII printable characters），从 0～127 是标准的 ASCII 编码，从 128～255 是扩展的 ASCII 编码，表示一些花纹图案符号。如表 1－4－3。

表 1－4－3　标准 ASCII 编码　控制字符

标准 ASCII 编码　控制字符（ASCII control characters）					
二进制	十进制	十六进制	控制字符	转义字符	说　明
000 0000	0	0	NUL		Null character(空字符)
000 0001	1	1	SOH		Start of Header(标题开始)
000 0010	2	2	STX		Start of Text(正文开始)
000 0011	3	3	ETX		End of Text(正文结束)
000 0100	4	4	EOT		End of Transmission(传输结束)
000 0101	5	5	ENQ		Enquiry(请求)
000 0110	6	6	ACK		Acknowledgment(收到通知)
000 0111	7	7	BEL	a	Bell(响铃)
000 1000	8	8	BS	b	Backspace(退格)
000 1001	9	9	HT	t	Horizontal Tab(水平制表符)
000 1010	10	0A	LF	n	Line feed(换行键)
000 1011	11	0B	VT	v	Vertical Tab(垂直制表符)
000 1100	12	0C	FF	f	Form feed(换页键)
000 1101	13	0D	CR	r	Carriage return(回车键)
000 1110	14	0E	SO		Shift Out(不用切换)
000 1111	15	0F	SI		Shift In(启用切换)
001 0000	16	10	DLE		Data Link Escape(数据链路转义)

二进制	十进制	十六进制	控制字符	转义字符	说明
001 0001	17	11	DC1		Device Control 1(设备控制 1)
001 0010	18	12	DC2		Device Control 2(设备控制 2)
001 0011	19	13	DC3		Device Control 3(设备控制 3)
001 0100	20	14	DC4		Device Control 4(设备控制 4)
001 0101	21	15	NAK		Negative Acknowledgement(拒绝接收)
001 0110	22	16	SYN		Synchronous Idle(同步空闲)
001 0111	23	17	ETB		End of Trans the Block(传输块结束)
001 1000	24	18	CAN		Cancel(取消)
001 1001	25	19	EM		End of Medium(介质中断)
001 1010	26	1A	SUB		Substitute(替补)
001 1011	27	1B	ESC	e	Escape(溢出)
001 1100	28	1C	FS		File Separator(文件分割符)
001 1101	29	1D	GS		Group Separator(分组符)
001 1110	30	1E	RS		Record Separator(记录分离符)
001 1111	31	1F	US		Unit Separator(单元分隔符)

3. 汉字编码

汉字编码也是字符编码,但由于计算机不是中国人发明的,所以怎样把汉字输入到计算机是个问题。汉字比西文字符相比量多且复杂,汉字的处理技术首先要解决的是汉字的输入、输出及计算机内部的编码问题。汉字信息处理系统对每个汉字规定了输入计算机的代码,即汉字的外部码,我们通过键盘输入汉字时,输入的就是汉字的外部码。计算机在能够识别汉字之前,需要把汉字的外部码转换成内部码,这样计算机才会"认识"汉字,以便进行存储和处理。在把汉字输出的时候(比如显示在屏幕上或打印出来),还需要把汉字的内部码转换成汉字的字形码,来确定一个汉字的点阵。另外,在计算机和其他系统或设备需要信息、数据交流时还需要采用交换码。

1983 年王永民发明了五笔字型电脑汉字输入法,举世称难的汉字进入电脑的世界难题终于迎刃而解,汉字走进了信息时代的大门,在现代化建设中开始发挥出巨大的作用。"五笔字型"曾获得了中、美、英三国专利,成为我国第一项出口到美国的电脑技术,为祖国赢得了荣誉。

根据应用目的的不同,汉字编码分为外码、交换码、机内码和字形码。各种汉字编码之间的关系如图 1 - 4 - 1。

(1)外码(输入码)

外码也叫输入码,是用来将汉字输入到计算机中的一组键盘符号。常用的输入码有拼音码、五笔字型码、自然码、表形码、认知码、区位码和电报码等。一种好的编码应具有编码规则简单、易学好记、操作方便、重码率低、输入速度快等优点,每个人可根据自己的需要进行选择。

(2)交换码(国标码)

① 1980 年我国颁布,1981 年 5 月 1 日开始实施《信息交换用汉字编码字符集·基本集》,代号为(GB2312 - 80)。汉字信息交换码简称交换码,也叫国标码。

② 一个汉字的国标码用 2 个字节来存储。

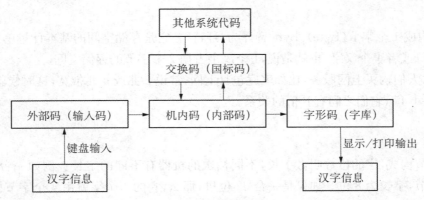

图 1-4-1　各种汉字编码之间的关系

区位码是国标码的另一种表现形式,把国标 GB2312-80 中的汉字、图形符号组成一个 94×94 的方阵,分为 94 个"区",每区包含 94 个"位",其中"区"的序号由 01 至 94,"位"的序号也是从 01 至 94。94 个区中位置总数为 94×94＝8 836 个,其中 7 445 个汉字和图形字符中的每一个占一个位置后,还剩下 1 391 个空位,这 1 391 个位置空下来保留备用。

GB2312 将收录的汉字分成两级:第一级是常用汉字计 3 755 个,按汉语拼音字母/笔形顺序排列;第二级汉字是次常用汉字计 3 008 个,置于 56～87 区,按部首/笔画顺序排列。由于一个汉字的国标码用 2 个字节来存储,故而 GB2312 最多能表示 6 763 个汉字。

③ 区位码与每个汉字是一一对应的,区位码输入法的最大优点是一字一码无重码。

例如:"学"区位码 4907,用两个字节的二进制表示为 00110001 00000111。

④ 汉字的国标码和区位码之间的转换方法是:将一个汉字的十进制区号和十进制位号分别转换成十六进制数,然后再分别加上 $(20)_{16}$ 即可。

(3) 机内码

根据国标码的规定,每一个汉字都有了确定的二进制代码,在微机内部汉字代码都用机内码,在磁盘上记录汉字代码也使用机内码。

① 汉字的机内码是计算机系统内部对汉字进行存储、处理、传输统一使用的代码,又称为汉字内码。一个汉字的机内码也用 2 个字节来存储。

② 汉字的国标码与其机内码之间的转换方法是:

汉字的内码＝汉字的国标码＋ $(8080)_{16}$。

例如,汉字"中"的国标码为 $(5650)_{16}$,机内码为 $(5650)_{16}+(8080)_{16}=(D6D0)_{16}$。

(4) 汉字的字形码

① 汉字的字形码是表示汉字字形信息(汉字的结构、形状、笔划等)的编码,用来实现计算机对汉字的输出(显示、打印)。

② 汉字字形点阵有 16×16 点阵、24×24 点阵、32×32 点阵等。

③ 汉字字形点阵中每个点的信息用一位二进制码来表示,"1"表示对应位置处是黑点,"0"表示对应位置处是空白。字形点阵的信息量很大,所占存储空间也很大。例如 16×16 点阵,每个汉字就要占 32 个字节(16×16÷8＝32);24×24 点阵的字形码需要用 72 字节(24×24÷8＝72)。

1.4.3　计算机中信息的单位

1. 位(bit)

位是电子计算机中最小的数据单位。每一位的状态只能是 0 或 1。Bit 音译为"比特"。

2. 字节（Byte）

8 个二进制位构成 1 个字节（Byte），Byte 音译为"拜特"。它是存储空间的基本计量单位。1 个字节可以储存 1 个英文字母或者半个汉字，也就是说，1 个汉字占据 2 个字节的存储空间。

在现实生活中，人们购买上网服务，比如家庭包月上网，常说 2 兆或 4 兆带宽，这时候就要问清楚计量单位是"大 B"还是"小 b"，它们之间有 8 倍的关系。

3. 字

字由若干个字节构成，字的位数叫做字长，不同档次的机器有不同的字长。例如一台 8 位机，它的 1 个字就等于 1 个字节，字长为 8 位。如果是一台 32 位机，那么，它的 1 个字就由 4 个字节构成，字长为 32 位。字是计算机进行数据处理和运算的基本单位。

4. 字块

在信息处理中，一群字作为一个单元来处理的称为"字块"，也称为"字组"。例如，储存于光盘一个信道上的字群就称为一个字块。例如，与 VCD 技术相比，DVD 系列产品仍以传统的光盘制造技术为基础，基本工作原理没有改变，只是将信息符坑点的尺寸从原来的 $0.83\ \mu m$ 降低到 $0.4\ \mu m$，信道间距从原来的 $1.6\ \mu m$ 降低到 $0.74\ \mu m$。所用的半导体激光器的波长略有缩短，DVD 存放数据信息的坑点非常小，而且非常紧密，因此信息储存量更大。在大容量存储中，信息都是以字块为单位而存入的，因此只有字块才是可选址的。目前，在高速缓冲技术中也引入了字块的概念。

5. 信息单位的换算

千字节（KiloBytes），记作 KB，1 KB＝1 024 B；

兆字节（MegaBytes），记作 MB，1 MB＝1 024 KB；

千兆字节（GigaBytes），记作 GB，1 GB＝1 024 MB；

兆兆字节（TeraBytes），记作 TB，1 TB＝1 024 GB。

与千字节、兆字节、千兆字节、兆兆字节相对应的俗称为千、兆、吉、太。

2^{10}，即 1 024，是换算单位。

1.5 计算机的安全

随着计算机的广泛应用，计算机的安全越来越受到人们的重视。在计算机为人类带来便利的时候，在使用过程中一旦出现安全问题，损失将是非常巨大的，有时候出现的安全问题是致命的。比如国内某知名女作家，在使用计算机进行写作的过程中，计算机出现了问题，几年的心血付之东流。某著名高校教授，也因为计算机出现了安全问题，多年的研究成果毁于一旦，欲哭无泪。计算机的安全主要包括计算机的硬件安全、软件安全和数据安全 3 个方面，计算机的安全是现代信息安全的一个重要组成部分。

1.5.1 计算机的硬件安全

在谈论计算机的安全问题时，人们往往把注意力集中在计算机病毒和软件安全上，却很容易忽略计算机硬件的环境和安全。计算机硬件的温度、湿度、灰层等环境因素；计算机的磁盘、磁带机及移动硬盘的妥善保管；软驱、光驱的有效加锁和电源正确接地等硬件安全，是计算机信息系统能够正常运行的基础，来自于环境干扰、设备自然损坏、自然灾害等因素都给计算机带来了安全威胁。

1. 温度要求

计算机本身是由很多电子元件和芯片组成的,电子元件的一般工作温度范围是 0～45℃,温度每上升 10℃,电子器件的可靠性将会降低 25%。当温度升高至 60℃ 或更高的时候,会加快主板、插头、插座、信号线等的腐蚀速度,会引起接触不良、图像质量下降、线圈骨架尺寸改变等现象出现。而温度过低时,将会导致绝缘材料变脆、变硬,使得磁记录性能变差,漏电流增大。温度对磁介质的导磁率也有着很大的影响,温度的变化会使得磁盘表面和磁带发生热胀冷缩等变化,会造成数据的读写发生错误。计算机工作的最佳温度范围是 21℃±3℃,最好将计算机的硬件环境温度控制在这个范围内。

2. 湿度要求

计算机正常工作的湿度应该保证在 40%～60% 的范围之内。湿度过低时,空气过于干燥,易产生静电、发生电子元器件被击穿。湿度过高时,元器件的表面容易附着一层薄薄的水膜,水膜不仅会使元器件腐蚀发霉,还会引起元器件各引脚间出现漏电的现象。另外,计算机各类存储磁性介质是多孔性材料,容易吸收空气中的水分,磁性介质变潮后,很容易造成磁介质读写信息时发生错误高,湿度也会影响打印机的正常操作,因为在高湿度的情况下,打印纸吸潮之后会变厚。

3. 灰尘问题

灰尘对计算机中的光盘机和磁盘机等精密部件有着致命影响,盘片与读头间的距离十分微小,空气中的灰尘包括纤维性的灰尘,一旦附着在盘片的表面,在读头读取盘面信号的时候,可能会因为灰层的存在而磨损读头、擦伤盘片表面,引起数据丢失或者读写错误。灰尘还会对计算机其他元器件产生影响,如果元器件表面有灰尘堆积的话,会使元器件的散热能力降低,有些腐蚀性尘埃和电尘埃还可能会造成金属器件腐蚀和电路短路。因此,为了达到计算机工作的硬件环境要求,要采取一些严格的机房卫生制度,对机房的空气进行过滤,降低机房灰尘的含量。

4. 其他安全问题

计算机的硬件安装是很容易的,同样硬件的拆卸也很容易,这就造成了硬件很容易被盗的事情发生,硬件中的信息自然就存在安全威胁。另外,计算机电磁泄漏是一个严重的信息泄漏途径,计算机的中央处理器、总线和显示器等的运行都会向外辐射电磁波,电磁波能够反映计算机内部的信息变化。实际研究表明,计算机屏幕上面的信息可以在几百米距离以外的地方被显示出来,这就引起了信息在无意中被泄漏。

总而言之,硬件的良好环境和安全技术是计算机信息安全系统的基础,硬件安全所采用的技术能够使计算机的硬件不受到被修改的攻击威胁,只有维护好计算机的硬件环境、做好硬件安全防护,计算机系统才可以安全运行。

1.5.2　计算机的软件安全

软件安全缺陷,指的是软件中隐藏或者出现的问题造成软件不能正常运行。也就是程序员俗称的"Bug",Bug 是程序员最不希望出现的,同时它也是程序员最希望出现的,程序出现了 Bug 才能针对 Bug 去不断完善软件。软件缺陷按照其造成问题的严重性程度,又分为 4 个级别,从轻到重分别是微小级、一般级、严重级、致命级。重要软件安全缺陷一旦出现,往往都会是严重级或者致命级,它与普通的软件缺陷有着显著的区别:①软件安全缺陷往往都是黑客或者不法人员想通过寻找软件漏洞来获取利益时发现的,而普通的软件缺陷通常都是由一般用户反映或者测试人员直接测试出来的;②软件安全缺陷的出现都是高危险性的级别,一旦出现就可能对机构或者个人造成巨额的亏损且不易弥补,而普通的软件缺陷一般都是某个小模块不能运行、显示不正常等,危险性较低,即便是危险性高的功能缺陷一般也都会在软件测试中发现并及时修补,并不会对运营造成危害;③软件安全缺陷一旦出现则必须马上组织人员修复,务

必在最短时间内解决问题,避免损失的出现,而普通的软件缺陷则可以累积到一定程度,然后进行一次性的处理,如问题较多且集中的可直接对软件进行升级一并解决缺陷。

1.5.3 计算机的数据安全

随着计算机的普遍使用,存储在计算机中的信息越来越多,而且越来越重要,为防止计算机中的数据丢失,一般都采用许多重要的安全防护技术来确保数据的安全,所有存放在计算机中的信息,都被称为计算机的数据,计算机的数据安全成为信息时代的一个非常重要的话题。数据是信息化潮流真正的主题,一旦遭遇数据灾难,那么将会带来难以估量的损失。下面简单介绍一下常用和流行的数据安全防护技术。

1. 数据备份

备份管理包括备份的可计划性,自动化操作,历史记录的保存或日志记录。

2. 数据迁移

由在线存储设备和离线存储设备共同构成一个协调工作的存储系统,该系统在在线存储和离线存储设备间动态管理数据,使得访问频率高的数据存放于性能较高的在线存储设备中,而访问频率低的数据存放于较为廉价的离线存储设备中。

3. 异地容灾

以异地实时备份为基础的高效、可靠的远程数据存储,是数据安全防范的一个重要方法。在各单位的IT系统中,必然有核心部分,通常称之为生产中心,往往给生产中心配备一个备份中心,该备份中心是远程的,并且在生产中心的内部已经实施了各种各样的数据保护。不管怎么保护,当火灾、地震这种灾难发生时,一旦生产中心瘫痪了,备份中心会接管生产,继续提供服务。

4. 数据加密

数据加密就是按照确定的加密算法把敏感的明文数据变换成难以识别的密文数据,通过使用不同的密钥,可用同一加密算法把同一明文加密成不同的密文。

1.5.4 计算机病毒及防范

1. 计算机病毒的概念

计算机病毒(Computer Virus)在《中华人民共和国计算机信息系统安全保护条例》中被明确定义,病毒指"编制者在计算机程序中插入的破坏计算机功能或者破坏数据,影响计算机使用并且能够自我复制的一组计算机指令或者程序代码"。

2. 计算机病毒的特点

计算机病毒具有以下几个特点:

(1)破坏性

计算机中毒后,可能会导致正常的程序无法运行,把计算机内的文件删除或受到不同程度的损坏。某些威力强大的病毒,运行后直接格式化用户的硬盘数据,更为厉害一些的病毒可以破坏引导扇区以及BIOS,甚至对计算机的硬件造成相当大的破坏。

(2)传染性

计算机病毒不但本身具有破坏性,更有害的是其具有传染性,一旦病毒被复制或产生变种,其速度之快令人难以预防。传染性是计算机病毒的基本特征,在生物界病毒通过传染从一个生物体扩散到另一个生物体,在适当的条件下,它可得到大量繁殖,并使被感染的生物体表现出病症甚至死亡。同样,计算机病毒也会通过各种渠道从已被感染的计算机扩散到未被感染的计算机,在某些情况下造成被感染的计算机工作失常甚至整个计算机网络瘫痪。

（3）潜伏性

有些计算机病毒像定时炸弹一样,让它什么时间发作是预先设计好的。比如黑色星期五病毒,不到预定时间一点都觉察不出来,等到条件具备的时候发作,对系统进行破坏。一个编制精巧的计算机病毒程序,进入系统之后一般不会马上发作,因此病毒可以静静地躲在磁盘或磁带里呆上几天,甚至几年,一旦时机成熟,得到运行机会,就要四处繁殖、扩散,继续为害。潜伏性的第二种表现是指,计算机病毒的程序内部往往有一种触发机制,不满足触发条件时,计算机病毒除了传染外不做什么破坏。触发条件一旦得到满足,有的在屏幕上显示信息、图形或特殊标识,有的则执行破坏系统的操作,如格式化磁盘、删除磁盘文件、对数据文件做加密、封锁键盘以及使系统死锁等。

（4）隐蔽性

一般的病毒仅在数 KB 左右,这样做的目的是为了提高传播快速,另外是为了提高其隐蔽性。部分病毒使用"无进程"技术或插入到某个系统必要的关键进程当中,所以在任务管理器中找不到它的单独运行进程,而病毒自身一旦运行后,就会自己修改自己的文档名并隐藏在某个用户不常去的系统文档夹中,这样的文档夹通常有上千个系统文档,如果凭手工查找很难找到病毒。

（5）可触发性

病毒因某个条件的出现,促使病毒实行感染或进行攻击的特性称为可触发性。为了隐蔽自己,病毒必须潜伏。如果完全不动、一直潜伏的话,病毒既不能感染也不能进行破坏,便失去了杀伤力。病毒既要隐蔽又要维持杀伤力,它必须具有可触发性,病毒的触发机制就是用来控制感染和破坏动作的频率的。病毒具有预定的触发条件,这些条件可能是时间、日期、文件类型或某些特定数据等。

3. 计算机病毒的分类

根据不同的分类标准,计算机病毒可以分为多种类型。

根据传播途径,计算机病毒可以分为单机病毒和网络病毒两种。

（1）单机病毒

这类病毒自身不会通过网络传播,主要在交换文件时传播。传染的媒介一般是软盘、优盘、光盘等。

（2）网络病毒

该类病毒主要通过网络传播,随着 Internet 的不断发展,这类病毒的数目越来越多而且传播速度也越来越快。

按病毒破坏的能力,计算机病毒又可以分为无害型、无危险型、危险型和非常危险型 4 种。

（1）无害型

除了传染时减少磁盘的可用空间外,对系统没有其他影响。

（2）无危险型

这类病毒仅仅是减少内存、显示图像、发出声音及同类音响。

（3）危险型

这类病毒在计算机系统运行过程中造成严重的破坏。

（4）非常危险型

这类病毒删除程序、破坏数据、清除系统内存区和操作系统中重要的信息。

4. 常见的几类病毒

（1）木马程序

木马程序是指潜伏在电脑中,受外部用户控制以窃取本机信息或者控制权的程序。它的全称叫特洛伊木马,英文叫做"Trojan Horse",其名称取自希腊神话的《特洛伊木马记》。木马程序的危害在于多数有恶意企图,例如占用系统资源,降低电脑效能,危害本机信息安全,盗取 QQ 账号、游戏账号甚至银行账号,将本机作为工具来攻击其他设备等。用户一旦中毒,就会成为"僵尸"或被称为"肉鸡",成为黑客手中的"机器人"。通常黑客可以利用数以万计的"僵尸"发送大量伪造包或者是垃圾数据包对预定目标进行拒绝服务攻击,造成被攻击目标的瘫痪。

(2) 蠕虫病毒

蠕虫病毒是一种常见的计算机病毒。它是利用网络进行复制和传播。与一般计算机病毒不同的是,蠕虫病毒不需要附在别的程序内,即使不用使用者介入操作也能进行自我复制或执行。蠕虫病毒未必会直接破坏被感染的系统,却几乎都对网络有害。计算机蠕虫可能会执行垃圾代码以发动分散式阻断服务攻击,令计算机的执行效率极大程度降低,从而影响计算机和网络的正常使用,通常在全世界范围内大规模爆发的就是此类病毒。比较著名的蠕虫病毒有"冲击波"、"熊猫烧香"、"红色代码"等。

(3) 脚本病毒

脚本病毒通常是脚本语言编写的恶意代码,一般带有广告性质,会修改您的浏览器首页、修改计算机注册表等信息,造成用户使用计算机不方便。这类病毒可通过网页、E-mail 附件、即时通讯工具或其他方式迅速传播,可以在很短时间内传遍世界各地。

5. 计算机病毒的防范

计算机病毒往往会利用计算机操作系统的弱点进行传播,提高系统的安全性是防病毒的一个重要方面,但完美的系统是不存在的,过于强调提高系统的安全性将使系统多数时间用于病毒检查,系统失去了可用性、实用性和易用性。病毒与反病毒将作为一种技术对抗长期存在,两种技术都将随着计算机技术的发展而得到长期的发展。

下面讲一下防范计算机病毒应当注意的几点事项:

(1) 养成良好的安全习惯

对一些来历不明的邮件及附件不要打开,不要上一些不太了解的网站,不要执行从 Internet 下载后未经杀毒处理的软件等,这些好的习惯会使您的计算机更安全。

(2) 及时修补操作系统以及其他软件的漏洞

据统计,有 80% 的网络病毒是通过系统安全漏洞进行传播的,像冲击波、震荡波等,所以应该定期下载最新的安全补丁,以防范未然。

(3) 安装并及时更新杀毒软件

使用杀毒软件是最有效的防病毒手段之一,不过用户在安装了反病毒软件之后,应该经常进行升级,将一些主要监控经常打开,如邮件监控、内存监控等,遇到问题要上报,这样才能真正保障计算机的安全。杀毒软件的种类很多,目前国内比较流行的有 360、金山毒霸、江民、启明星辰等,国外的杀毒软件有卡巴斯基、Norton、AntiVirus、Symantec 等。杀毒软件分为单机版和网络版:单机版价格较为便宜,目前大都是免费使用;网络版价格较为昂贵,主要用来检查和消除整个网络中各台计算机上的病毒。

(4) 安装个人防火墙软件

由于网络的发展,用户电脑面临的黑客攻击问题也越来越严重,许多网络病毒都采用了黑客的方法来攻击用户电脑,因此,用户还应该安装个人防火墙软件,将安全级别设为中、高,这样才能有效地防止网络上的黑客攻击。

本 章 小 结

　　计算机是人类文明发展过程中最为伟大的科技发明之一,它是社会信息化的载体和基础,计算机已经成为信息化社会中必不可少的工具,计算机的三大应用领域是科学计算、信息处理和过程控制。本章通过计算机的发展、计算机系统组成、计算机的数字信息编码以及计算机的安全,使学习者掌握计算机的基本知识,对什么是计算机有个初步认识。

习　题

一、选择题

1. 世界上第一台电子计算机在_____年于美国宾夕法尼亚大学诞生,该计算机的英文缩写为ENIAC。

    A. 1945　　　　　　　B. 1946　　　　　　　C. 1950　　　　　　　D. 1956

2. 键盘上的主要按键分为两大类:一类为字符键,另一类为_____。

    A. 控制键　　　　　　B. 功能键　　　　　　C. 数字键　　　　　　D. 字符键

3. 在输入英文26个字母时,若输入大写字母,需要提前按下_____键,这时指示灯区的其相应指示灯是亮的。

    A.［Shift］　　　　　B.［CapsLock］　　　C.［Alt］　　　　　　D.［Tab］

4. 在使用数字小键盘区的按键时,需要提前按下_____,用于指示小键盘的状态,灯亮表示小键盘处于打开状态,反之关闭。

    A.［ScrollLock］　　B.［CapsLock］　　　C.［NumLock］　　　D.［Tab］

5. 第四代计算机的主要元器件采用是_____。

    A. 晶体管　　　　　　　　　　　　　　B. 电子管

    C. 小规模集成电路　　　　　　　　　　D. 大规模和超大规模集成电路

6. 对现代电子计算机的设计及其结构起到奠基作用的代表人物是_____。

    A. 莫奇莱　　　　　　B. 冯·诺依曼　　　　C. 戈登·摩尔　　　　D. 威尔克斯

7. 微型计算机硬件系统中最核心的部件是_____。

    A. 主板　　　　　　　B. CPU　　　　　　　C. 内存储器　　　　　D. I/O设备

8. RAM具有的特点是_____。

    A. 只能读取其中的信息,不能写入

    B. 存储在其中的信息可以永久保存

    C. 断电后,存储的信息会消失,且无法恢复

    D. 存储在其中的数据不能改写

9. 在计算机内部用来传送、存储、加工处理的数据或指令都是以_____形式进行的。

    A. 拼音简码　　　　　B. 二进制　　　　　　C. 八进制　　　　　　D. 五笔字型码

10. 在微型计算机中,应用最为普遍的字符编码是_____。

    A. ASCII码　　　　　B. BCD码　　　　　　C. 汉字编码　　　　　D. 补码

二、多选题

1. 键盘一般可分为 4 个区,即_____。
   - A.主键盘区
   - B.字符键盘区
   - C.功能键区
   - D.编辑键区
   - E.小键盘区

2. 第一代计算机使用的逻辑元件是_____;第二代计算机使用的逻辑元件是_____;第三代计算机使用的逻辑元件是_____;第四代计算机使用的是_____逻辑元件。
   - A.电子管
   - B.集成电路
   - C.晶体管
   - D.大规模和超大规模集成电路
   - E.集成芯片

3. 下列部件属于存储器的有_____。
   - A.RAM
   - B.硬盘
   - C.条形码阅读器
   - D.ROM
   - E.CPU
   - F.运算器

4. 以下属于系统软件的是_____。
   - A.操作系统
   - B.Word 程序
   - C.MySQL
   - D.汇编程序

5. 下列等式中,正确的是_____。
   - A.1 KB=1 024 B
   - B.1 024 KB=1 MB
   - C.1 GB=1 024 * 1 024 MB
   - D.1 MB=1 024 * 1 024 B

三、填空题

1. 计算机最基本的输入控制设备是_____和_____。
2. 高速缓存(Cache)芯片是介于_____和_____之间的一种高速存取信息的芯片。
3. 计算机三大应用领域分别是_____、_____和_____。
4. 十进制数 100 转换成二进制数是_____。
5. _____是计算机进行数据处理和运算的基本单位。

四、问答题

1. 计算机的正确开机和关机非常重要,尤其是关机,请简述计算机开机和关机的顺序及注意事项。
2. 简述微型计算机系统的构造与组成。
3. 什么是计算机的数字信息编码?
4. 谈谈你对"计算机安全是技术人员的事情"的看法。

第 2 章

中文版 Windows 7 操作系统

随着时代的发展,中文版 Windows 7 操作系统慢慢取代 Windows XP 操作系统成为市面上的主流操作系统,其功能强大,安全性和稳定性都很高,操作简便,界面漂亮,受到广大用户的青睐。Windows 7 在之前的 Windows XP 和 Windows Vista 基础上引入了多项变化和改进,不仅带来全新的用户体验,还改进了各项管理程序、应用程序和解决问题的组件,从而提高了系统的性能和可靠性。本章将具体讲解如何使用 Windows 7 操作系统、管理电脑资源、个性化设置电脑及 Windows 7 自带附件工具等 4 个方面。

2.1 初识 Windows 7 操作系统

Windows 7 是 Microsoft(微软)公司开发的新一代操作系统,具有革命性和开创性。Windows 7 操作系统可供家庭及商业工作环境、笔记本电脑、多媒体中心等使用。微软 2009 年 10 月 22 日于美国、2009 年 10 月 23 日于中国正式发布 Windows 7 操作系统。

现在配置的台式机或者笔记本电脑标配基本都是 Windows7 操作系统,它具有操作简单、启动速度快、安全和链接更方便的特点。电脑操作的简单和快捷,为人们提供了高效易行的工作环境。

2.1.1 Windows 7 操作系统的桌面

第一次登录 Windows 7 操作系统,在屏幕上即可看到 Windows 7 桌面,如图 2-1-1。它和以前的中文版 Windows XP 操作系统的桌面相比变化很大,整个画面变得更加绚丽,样式更加灵活化。在系统默认安装情况下,Windows 7 的桌面主要包含桌面图标、桌面背景、【开始】按钮、任务栏以及边栏等组件,接下来逐一进行介绍。

1. 桌面

桌面图标一般是程序或文件的快捷方式,不同类型文件产生的快捷方式的图标各不相同。图标下面是图标名,用来区别不同的程序或文件。安装新软件后,桌面上一般会增加相应的快捷图标。如安装金山

图 2 - 1 - 1　Windows 7 桌面

毒霸杀毒程序后,系统自动创建快捷图标 ,程序或文件的快捷图标左下角有个小箭头,通过快捷方式可以直接进入程序或文件,给操作带来很大的便利。

　　除了在安装程序时可以自动添加图标外,还可以通过下述方式手动添加图标:鼠标左键单击"开始"菜单|"所有程序"命令,展开程序列表,然后在要创建桌面图标的程序上右击,从弹出的快捷菜单中选择"发送到"|"桌面快捷方式"命令,创建快捷方式图标,如图 2 - 1 - 2 所示。用户通过快捷方式可以快速打开程序或者找到文件。

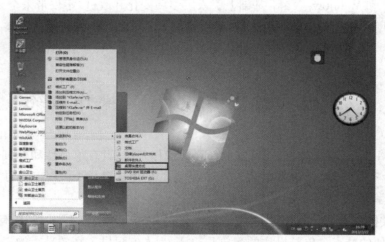

图 2 - 1 - 2　快捷方式创建

　　桌面图标的排列大致上分为手动排列和自动排列两种。手动排列是指通过左键单击选中单个图标或者拖动鼠标选中多个图标后,按住鼠标左键不松手,拖动鼠标到目标位置后释放。自动排列图标是指在桌面空白处单击鼠标右键,在弹出的快捷菜单中将鼠标指针放到"排列方式"选项上,在弹出的下一级菜单中选择某一项,可按照一定规律将桌面图标自动排列。其中可选择按照"名称"、"大小"、"项目类型"或"修改日期"4 种方式,如图 2 - 1 - 3 所示。

2. 桌面背景

　　进入 Windows 7 操作系统后,一些色彩绚丽、美观大方的桌面背景让用户眼前一亮,设置桌面背景的具体操作步骤如下。

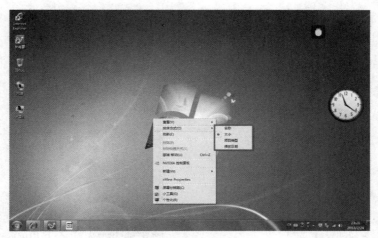

图 2-1-3 自动排列图标

① 选择"开始"菜单|"控制面板"命令,打开"控制面板"窗口,然后在"外观和个性化"组中单击【更改桌面背景】按钮,如图 2-1-4 所示。

图 2-1-4 更改桌面背景

② 打开"桌面背景"对话框,选择 Windows 7 系统自带的桌面背景,如图 2-1-5 所示。

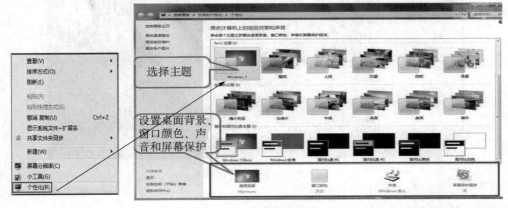

图 2-1-5 设置桌面背景

③ 或者通过单击【浏览】按钮从电脑中选择背景图片。

④ 进一步设置"图片位置"选项为"填充","更改图片时间间隔"选择为"10 分钟",并去掉"无序播放"复选框,最后单击【保存修改】按钮。

3. "开始"菜单

"开始"菜单是 Windows 7 操作系统的特色之一，比起前面几代操作系统功能和外观有了极大的改变，其中包含了针对电脑以及应用程序可以进行的所有命令集合。如图 2-1-6 所示。

图 2-1-6 "开始"菜单

"开始"有着开始使用的意思，意味着对电脑进行的各种操作都可以通过这个菜单来开始，如打开窗口、运行程序等。下面以打开"记事本"程序为例，来了解"开始"菜单的使用方法，具体操作步骤如下。

① 单击屏幕右下角的【开始】按钮键，在打开的"开始"菜单中单击"所有程序"选项。

② 展开程序列表后，单击"附件"选项，在展开的附件列表中单击"记事本"选项，就可以打开记事本程序了。如图 2-1-7 所示。

图 2-1-7 打开记事本

"开始"菜单中的关闭按钮主要有以下几种设置，如图 2-1-8 所示。

① 切换用户：用户可以在不重新启动计算机的情况下通过此命令在不同账户间直接切换。

② 注销：清除当前用户账户的登录状态。

③ 锁定：将计算机切换到欢迎界面。

④ 重新启动：退出 Windows 7，并重新启动计算机。

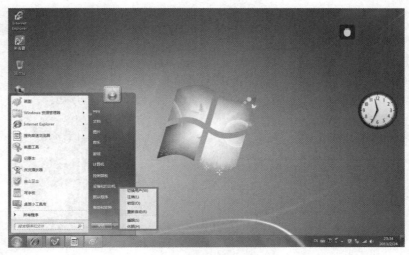

图 2-1-8　"开始"菜单关闭按钮

⑤ 睡眠：使系统快速进入睡眠状态，节能。

在 Windows 7 操作系统中，除了可以手动选择命令以打开程序或功能外，还以通过更加方便的搜索功能来快速搜索指定名称的命令。如搜索名称中包含"金山卫士"的程序，只要直接在"开始"菜单的搜索框中输入"金山卫士"，然后从搜索列表中直接选择即可，如图 2-1-9 所示。

图 2-1-9　搜索框搜索"金山卫士"程序

4. 任务栏

任务栏位于屏幕最下方，是一块长条状区域，根据功能主要分为 4 个区域：从左到右依次为【开始】按钮、窗口控制区域、语言栏以及通知区域，如图 2-1-10 所示。状态栏的大小和位置是可以根据个人喜好改变的。

（1）【开始】按钮

前面已经介绍了"开始"菜单的功能，这里就不再介绍。

（2）语言栏

语言栏用于显示与切换当前采用的输入法，在当前输入法图标上单击右键，选择"设置"菜单，可以对输入法进行设置，如图 2-1-11 所示。通过［Ctrl］＋空格键可以实现中英文输入法切换，［Ctrl］＋［Shift］组合键可以实现多种输入法之间的切换。

（3）通知区域

图 2-1-10 任务栏

图 2-1-11 输入法设置

通知区域显示了一些系统通知图标与程序通知图标,便于我们快速获知特定程序状态,右侧则显示当前系统日期与时间。如图 2-1-12 所示。

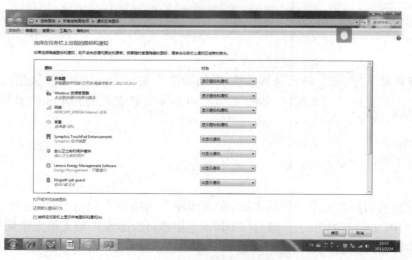

图 2-1-12 通知区域

2.1.2　Windows 7 的窗口、菜单与对话框

在 Windows 7 操作系统中,操作系统的窗口、菜单与对话框被称为系统的三大元素,几乎所有的操作都要在窗口中完成,在窗口中的相关操作一般是通过鼠标和键盘来进行的。当运行应用程序时,常常会用直观简洁的方式来进行操作。而对话框则是一种特殊的窗口,在对话框中用户可输入信息或作出某种选择。

1. Windows 7 的窗口组成

双击桌面上的【计算机】按钮,打开"计算机"窗口,如图 2-1-13 所示,这是一个典型的 Windows 7 窗口。

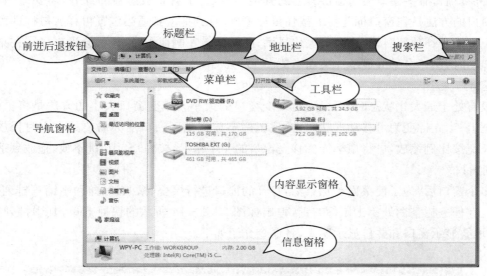

图 2-1-13　窗口组成

下面分别介绍窗口中的各个组成部分。

① 标题栏:位于窗口顶部,右侧有控制窗口大小和关闭窗口的按钮。

② 地址栏:显示当前窗口文件在系统中的位置,左侧包括"返回"按钮和"前进"按钮,用于打开最近浏览过的窗口。

③ 搜索栏:用于快速搜索电脑中的文件。

④ 工具栏:该栏根据窗口中显示或者选择的对象同步进行变化,以便于用户进行快速操作,还可以在弹出的下拉菜单中选择各种文件管理操作,如复制、删除等。

⑤ 导航窗格:单击可快速切换或者打开其他的窗口。

⑥ 窗口工作区:用于显示当前窗口中存放的文件和文件夹内容。

⑦ 状态栏:用于显示电脑的配置信息或者当前窗口中选择对象的信息。

2. 窗口的操作

前面介绍了窗口的基本组成部分,那么该如何管理和使用窗口呢? 下面将具体讲解打开窗口及其中的对象、最小化/最大化窗口、移动窗口、缩放窗口、多窗口的重叠和关闭窗口的操作。

（1）打开窗口

在 Windows 7 操作系统中,用户启动一个程序,打开一个文件或者文件夹时都将打开一个窗口。打开对象窗口的具体方法有如下几种:

① 双击一个对象,将打开对象窗口。

② 选中对象后按［Enter］键即可打开该对象窗口。

③ 在对象图标上单击鼠标右键,在弹出的快捷菜单中选择"打开"命令。

（2）打开窗口中的对象

一个窗口中包含多个对象,打开某个对象又将打开相应的窗口,该窗口中可能又包括其他不同的对象。

（3）最大化或最小化窗口

最大化窗口可以把当前窗口放大到整个屏幕,这样可以看到更多的内容。最大化窗口的方法是单击该窗口右上角的"最大化"按钮。单击"还原"按钮即可将最大化窗口还原成原始大小。最小化窗口的方法是单击窗口标题栏右上角的"最小化"按钮,最小化后的窗口以标题按钮的形式缩放到任务栏按钮区上。在任务栏上单击该窗口标题按钮后窗口将还原到原始大小。

（4）移动窗口

打开多个窗口后,有些窗口会遮盖屏幕上的其他内容,为了看到被遮盖的部分,需要适当移动窗口的位置。移动窗口的方法是在窗口标题栏上按住鼠标不放,直到拖动到适当位置再释放鼠标即可,其中将窗口向屏幕最上方拖动到顶部时,窗口会最大化显示;向屏幕最左侧拖动时,窗口会半屏显示在桌面左侧;向屏幕最右侧拖动时,窗口会半屏显示在桌面右侧。

（5）改变窗口大小

当窗口没有处于最大化状态时,可以随时改变窗口的大小。改变窗口大小的方法是将鼠标光标移至窗口的外边框上,当光标变为可移动形状时,按住鼠标不放拖动到窗口变为需要的大小时释放鼠标即可。要使窗口的长宽按比例缩放,可将鼠标光标移至窗口的4个角上,按住[Shift]键不放,拖放到适当位置。

（6）排列窗口

当打开多个窗口后,为了使桌面更加整洁,打开的窗口进行层叠、横向、纵向和平铺等排列操作。排列窗口的方法是在任务栏空白处单击鼠标右键,弹出如图2-1-14所示的快捷菜单,其中排列窗口的命令有层叠窗口、堆叠显示窗口和并排显示窗口,各命令介绍如下。

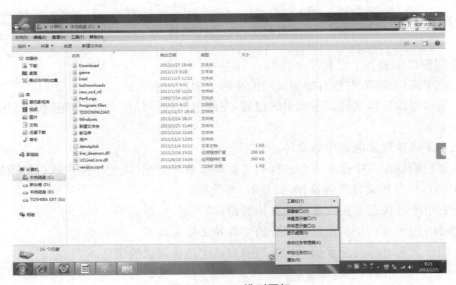

图2-1-14 排列图标

① 层叠窗口:选择该命令,可以以层叠的方式排列窗口,单击某一个窗口的标题栏即可将该窗口切换为当前窗口。

② 堆叠显示窗口:选择该命令,可以以横向的方式同时在屏幕上显示多个窗口。

③ 并排显示窗口:选择该命令,可以以垂直的方式同时在屏幕上显示几个窗口。

④ 切换窗口:无论打开多少个窗口,当前窗口只有一个,并且所有操作都是针对当前窗口进行的,要对某一个窗口进行操作就要先将其切换成当前窗口,切换窗口可以通过任务栏的按钮、按[Alt]+[Tab]键和按[Win]+[Tab]键来切换。

任务栏中的按钮切换是将鼠标光标移至任务栏按钮区中的某个任务栏按钮上,此时将展开所有打开的该类型文件的缩略图,单击某个缩略图即可切换到该窗口,在切换时其他同时打开的窗口将自动变为透明效果。

按[Alt]+[Tab]键切换后,屏幕上将出现任务切换栏,系统当前打开的窗口都以缩略图的形式在任务切换栏中排列出来,此时按住[Alt]键不放,再反复按住[Tab]键,有个蓝色方框将在所有图标之间轮流切换,当方框移动到需要的窗口图标上后释放[Alt]键,即可切换到该窗口。

按[Win]+[Tab]键来切换后,此时按住[Win]键不放,再反复按[Tab]键,可利用 Windows 7 特定 3D 切换界面切换打开的窗口。

3. Windows 7 菜单

菜单是 Windows 系统中最重要的组成部分,是系统执行命令的最主要方式之一。主要用于存放各种操作命令,要执行菜单上的命令,只需单击菜单项,然后在弹出的菜单中单击某个命令即可执行。在 Windows 7 中,根据菜单的弹出方式、作用或者所单击对象的不同,可将 Windows 7 系统中的菜单分为开始菜单、下拉菜单、控制菜单和快捷菜单 4 类。

在 Windows 7 系统中,菜单中常会出现某些标记,这些标记通常代表菜单命令的类别或作用。下面以某个文件夹窗口中的"查看"菜单为例详细介绍这些标记,如图 2-1-15 所示。

① 字母标记:表示该菜单命令的快捷键。

② 复选标记:当选择的某个菜单命令出现标记,表示已将该菜单命令选中并应用了效果。选择该命令后,其他相关的命令也将同时存在。

③ 单选标记:当选择某个菜单命令后,其名称左侧出现标记,表示已将该菜单命令选中。选择该命令后,其他相关命令将不再起作用。

④ 子菜单标记:菜单命令有标记,表示选择该菜单命令,将弹出相应的子菜单,在弹出的子菜单中即可选择所需的菜单命令。

⑤ 对话框标记:表示执行该菜单命令后,将打开一个对话框,在其中可以进行相关的设置。

图 2-1-15 菜单标记

4. Windows 7 对话框

对话框是人机交互的界面,在对话框中用户可以设置参数。在 Windows 系统中,虽然通过单击不同的命令,弹出的对话框内容不同,但是对话框的结构和组成元素是相似的。下面以"系统属性"对话框为例介绍对话框的各组成部分,如图 2-1-16 所示。

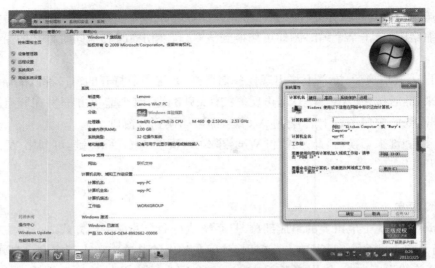

图 2-1-16 "系统属性"对话框

(1) 选项卡

当对话框中有很多内容时,Windows 7 将对话框按类别分成几个选项卡,每个选项卡都有一个名称,并依次排列在一起,选择其中一个选项卡,将会显示其相应的内容。

(2) 下拉列表框

下拉列表框中包含多个选项,单击下拉列表框右侧的按钮,将弹出一个下拉列表,从中可以选择所需要的选项。

(3) 命令按钮

命令按钮用于执行某一操作。一般单击对话框中的【确定】按钮,表示关闭对话框,并保存所做的全部更改;单击【取消】按钮表示关闭对话框,但不保存任何更改;单击按钮表示保存所有的更改,但不关闭对话框。

2.2 Windows 7 系统资源管理器

随着电脑使用时间和范围的增长,人们越来越依靠计算机来帮助解决实际生活中的问题,随之而来系统中的文件也就越来越多,所以必须要掌握文件的基本操作和管理方法,本节就介绍 Windows 7 系统资源管理器方面的知识。

2.2.1 文件与文件夹概述

在计算机中,各种各样的文件和数据都保存在硬盘上,如何才能管理好这些数据呢? 在 Windows 7 系统中可以轻松解决这个问题,只要掌握好文件和文件夹的使用和管理,不仅可以把数据整理得清楚明了,还可以提高工作效率。

1. 文件

通常把具有一定含义的相关数据的集合叫做文件。每一种文件都用一个独立的图标来表示,并且具有自己独立的名字,用户可以根据文件的图标识别出它是哪一种文件,还可以根据文件独有的后缀名来区分不同的文件类型。

文件名的一般格式为"主文件名. 扩展名"。文件名最长不能超过 260 个字符,并且文件名中不能使用

下列任何一种字符:\ / ? : * "＞＜|。

一般情况下,在 Windows 7 系统默认情况下,文件的扩展名一般是不出现的,要想让计算机显示出每个文件的后缀名,可以通过如下的操作来实现。

① 双击"计算机"图标,弹出窗口后,在工具栏中单击【工具】按钮,从弹出的下拉菜单中选择"文件夹选项"命令,如图 2-2-1 所示。

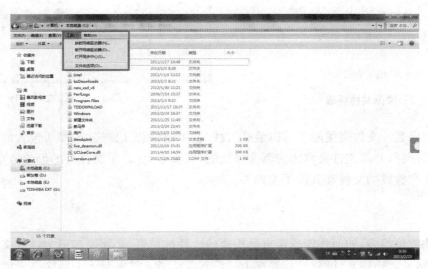

图 2-2-1　文件夹选项

② 弹出"文件夹选项"对话框,单击"查看"选项,在"高级设置"列表框中列出了有关文件的高级选项设置,用鼠标拖动下拉列表框寻找所需要的选项,如图 2-2-2 所示。

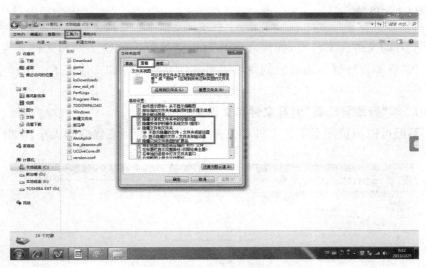

图 2-2-2　"查看"文件夹选项

③ 在"高级设置"列表框中选择"隐藏已知文件类的扩展名"复选框,默认情况下此选项框为选中状态,单击此项目,将复选框中的小对勾去掉即可取消对其的选择,最后,再单击【确定】按钮。

如图 2-2-3 所示列出了一些常见文件的图标,以及它们各自的文件类型和后缀名。

2. 文件夹

Windows 系统使用文件夹来管理自己的文件,文件夹同文件一样也有自己的名称,但是和文件不同

扩展名	文件类型
BMP, GIF, JPEG	图像文件
DOC, DOCX(Word2007)	WORD文件
COM, EXE, BAT	命令文件
AVI, RM, MEPG	影像文件
WAV, MP3, MID	声音文件
ZIP, RAR	压缩文件
TXT	文本文件
HTM, HTML	网页文件
XLS	电子表格文件

图 2-2-3 常见文件后缀

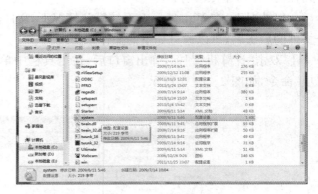

图 2-2-4 文件路径

的是文件夹没有扩展名。文件夹里除了可以装载文件,还可以装载文件夹,内部所包含的文件夹称为其外部文件夹的"子文件夹",外部文件夹称为内部文件夹的"父文件夹"。子文件夹的创建数量不限,每个子文件夹又可以容纳任意数量的文件和其他子文件夹。

3. 文件路径

系统中的文件数量很多,如何才能确定自己想要的文件的位置,必须要知道文件或文件夹存储的具体位置,这就是文件路径。描述文件路径时,要在上一级磁盘或者文件夹与下一级文件夹或者文件之间加一个(\),一个完整的文件或者文件夹路径命名应为"驱动器名\文件夹名\文件名"。如图 2-2-4 所示的"system文件"的路径为"本地磁盘(C:)\Windows\system"。在管理文件时,可以从文件夹窗口的地址栏中查看当前的文件路径。

2.2.2 管理文件与文件夹

系统中有成千上万的文件和文件夹,如何才能高效快捷地管理这些文件和文件夹呢? Windows 7 系统提供了"计算机"和"资源管理器",通过它们就可以看到所有的文件和文件夹了。

1. 使用"计算机"和"资源管理器"浏览文件和文件夹

通过"计算机"不但可以浏览硬盘上的文件和文件夹,还可以看到磁盘空间大小。如图 2-2-5 所示。

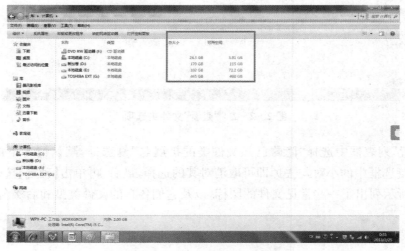

图 2-2-5 "计算机"浏览文件

"资源管理器"又称为"库",是 Windows 7 系统用来管理文件和文件夹的,如图 2-2-6 所示。下面详细介绍如何使用"资源管理器"浏览文件和文件夹。

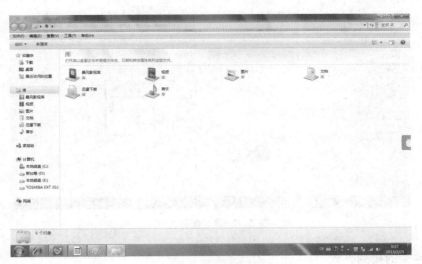

图 2-2-6 资源浏览器

① 在桌面上选择"开始"|"所有程序"|"附件"|"Windows 资源管理器"命令。如图 2-2-7 所示。

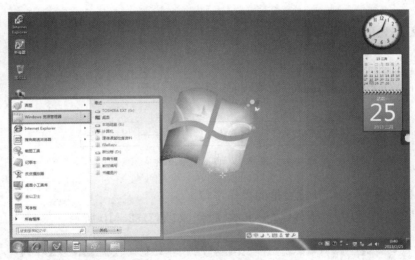

图 2-2-7 附件中打开资源管理器

② 打开"资源浏览器"窗口,双击要浏览的文件所在文件夹。

还可以用以下 3 种方法打开"资源管理器"窗口。

① 按下键盘上的[Win]+[E]组合键。

② 右击【开始】按钮,从弹出的子菜单中选择"打开 Windows 资源管理器"命令。

③ 在任务栏中右击文件夹图标,从弹出的快捷菜单中选择"打开 Windows 资源管理器"命令。

2. 文件和文件夹的查看方式

为了让文件的显示方式更便于查看,资源管理器提供了超大图标、大图标、中等图标、小图标、列表、详细信息、平铺和内容 8 种常见查看方式,用户可以根据自己的工作需要更改文件或者文件夹的查看方式。如图 2-2-8 所示。

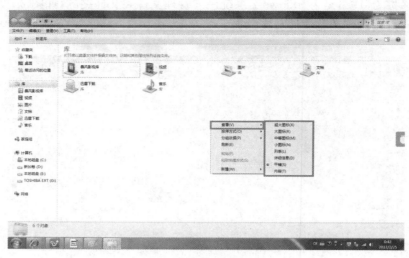

图 2-2-8　查看方式

3. 文件和文件夹的排列方式

在 Windows 7 中,可以将文件按照名称、修改日期、类型、大小等类别重新排列,也可以按照视频、图片、音乐等特殊的文件添加与其文件类型相关的排列方式,这样不但可以将各种各样的文件归类排列,还便于查看文件或文件夹。

2.2.3　文件和文件夹的基本操作

1. 新建文件

在新建文件之前,先来学习新建文件的流程,如图 2-2-9 所示。

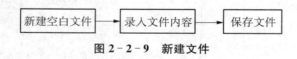

$$\boxed{新建空白文件} \rightarrow \boxed{录入文件内容} \rightarrow \boxed{保存文件}$$

图 2-2-9　新建文件

下面以记事本程序为例,介绍新建文件的操作步骤。

① 选择"开始"|"所有程序"|"附件"|"记事本"命令,如图 2-2-10 所示。

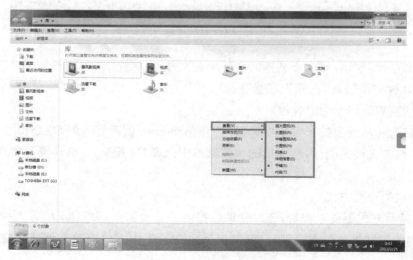

图 2-2-10　附件记事本

② 一般情况下,应用程序在初次打开时会自动新建一个空白文件,记事本也是如此。若想再重新再建一个空白文件,可以单击【新建】按钮。

2. 新建文件夹

① 在需要创建文件夹的地方右击空白处,从弹出的快捷菜单中选择"新建"|"文件夹"命令。

② 这时新建了一个处于编辑状态的"新建文件夹"。

③ 直接输入新的文件夹名称,并在输入完毕后按[Enter]键确认。

3. 选择文件和文件夹

文件或文件夹进行移动、删除操作前必须要选择需要的文件或文件夹,下面分别介绍如何选择单个和多个文件或文件夹。

选择单个文件或文件夹时,选中的文件或文件夹以高亮色显示。若要取消对文件或文件夹的选择状态时,只需在窗口空白处单击鼠标。

下面来介绍几种常见的选择多个文件或文件夹的方法。

(1) 拖动鼠标选择

选择需要拖动的文件,按住鼠标左键不放,拖动到合适位置,最后松开鼠标左键。

(2) 利用[Ctrl]键选择

用[Ctrl]键可以选择多个不连续的文件或文件夹。

按住[Ctrl]键不放,依次用鼠标选中需要的文件或文件夹,释放[Ctrl]键,即可选择多个不连续的文件或文件夹。

(3) 用[Shift]键选择

利用[Shift]键选择多个连续的文件或文件夹。

单击要选中的第一个文件或文件夹,按住[Shift]键不放,再单击要选择的最后一个文件或文件夹,其间包括的文件或文件夹将全部被选中。

(4) 选择文件夹中的全部文件或文件夹

要选择某文件夹中的全部文件(夹),可以选择菜单栏中的"编辑"|"全选"命令,或者按下[Ctrl]+[A]组合键。

4. 复制、移动、重命名和删除文件和文件夹

复制文件或文件夹(快捷键[Cltr]+[C])是在指定的地方创建它们的备份,但并不改变原来位置上的文件或文件夹。

移动文件或文件夹(剪切快捷键[Ctrl]+[X])是指将它们移动到新的位置,原来位置的文件或文件夹将不再存在,这一点和复制是不一样的。

重命名是指有时需要给一个已有名字的文件或文件夹重新取一个名字。(快捷键[F2])

删除是指对于不使用的文件或文件夹,可将其删除,以免无用的文件占用磁盘空间。删除文件有两种:一种是删除文件到回收站,方法是选中要删除的文件,直接按[Delete]键,这样文件就会被放到回收站中,这种删除方法是可以从回收站中还原文件的;另一种是彻底删除文件,方法是选中要删除文件,同时按住[Shift]+[Delete]键,这样文件就永久性从计算机中删除,不可恢复。

5. 还原文件和文件夹

有时在操作时会出现误删文件和文件夹的情况,若出现这种情况,可以通过回收站将这些文件和文件夹还原。通过双击桌面上的回收站图标,打开"回收站"窗口,然后在内容列表中选择要还原的文件和文件夹并右击,再从弹出的快捷菜单中选择"还原"命令,这时即可将选中的文件和文件夹还原到原来删除的位

置。还原文件和文件夹也可以通过快捷键([Ctrl]+[Z])实现。

6. 查找文件

当找不到所需要的文件和文件夹时,通过 Windows 7 提供的"搜索"功能来查找文件和文件夹。单击【开始】按钮,在弹出的快捷菜单中最下方的搜索框中键入字词或者字词的一部分,在搜索框中输入内容后,将立即显示搜索结果。

2.3 个性化设置我的电脑

Windows 7 操作系统拥有简洁的用户界面,可以通过更改计算机的主题、颜色、声音、桌面背景等来向计算机添加个性化设置,使每个人的电脑都能与众不同。本节将逐一进行介绍。

2.3.1 个性化 Windows 7 桌面

桌面是电脑屏幕上最大的一块区域,几乎占据了整个电脑屏幕,并且每次打开电脑第一眼看到的也是它,因此适当地对电脑桌面进行设置,可以美化工作环境,在视觉上给使用者带来不一样的感受。

1. 更改窗口颜色与外观

在 Windows 7 系统中用户可以随心所欲地更改窗口边框、"开始"菜单和任务栏的颜色,具体操作步骤如下。

① 鼠标右击桌面,从弹出的快捷菜单中选择"个性化"命令。如图 2-3-1 所示。

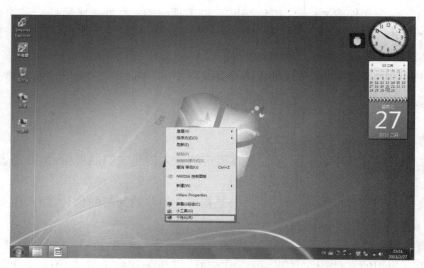

图 2-3-1 "个性化"命令

② 从弹出的"个性化"窗口中,右侧窗格显示了个性化视觉效果或声音设置的相关选项,单击右侧窗格底部的"窗口颜色"链接,如图 2-3-2 所示。

③ 打开"窗口颜色和外观"窗口,在 Windows 7 系统中颜色方案选择喜欢的颜色,选中"启用透明效果"复选框,这样窗口就具有像玻璃一样的透明效果;拖动"颜色浓度"右侧的滑块可以调节所选颜色的浓度。在整个调整过程中可以实时预览调整效果,若要使用当前效果,可以单击窗口底部的【保存修改】按钮即可。如图 2-3-3 所示。

④ 若不喜欢当前系统默认的主题模式,可以单击其他的主题模式。

图 2－3－2　窗口颜色

图 2－3－3　更改颜色

2. 更改桌面背景

Windows 7 系统默认的桌面总是蓝色背景,时间长了容易看腻,接下来我们一起来改变桌面背景。具体操作步骤如下。

① 打开"个性化"窗口,鼠标单击右侧窗格底部的"桌面背景"链接。

② 打开"桌面背景"窗口,窗口中间的图片列表框中提供了很多图片,如果要选择其他图片作为背景,可单击【浏览】按钮,如图 2－3－4 所示。

③ 弹出"浏览文件夹"对话框,选择需要更改的图片所在的文件夹,再单击【确定】按钮。

④ 返回到"桌面背景"窗口,在显示的图片中选择一张或者多张图片作为背景图片,再单击【保存修改】按钮保存设置。

经过这些操作,系统的桌面背景已经被成功地修改为漂亮的个性照片。

3. 更改系统声音

相信大家的耳朵已经听腻了经典的 Windows 系统的登录、注销和关机的声音,在 Windows 7 系统中

图 2-3-4 桌面背景

大家可以修改为自己喜欢的个性声音,下面以修改系统登录声音为例进行介绍,具体操作步骤如下。

① 桌面空白处单击鼠标右键,打开"个性化"窗口,单击窗口底部的"声音"链接,如图 2-3-5 所示。

图 2-3-5 "声音"选项卡

② 弹出的"声音"对话框,切换到"声音"选项卡,在"程序事件"对话框中选择要更改声音的事件,"系统登录"选项。

③ 单击图 2-3-5 显示的声音下拉列表按钮,从弹出的下拉列表中选择另一个声音。

④ 选择好声音后,单击【测试】按钮可试听新的声音效果。若系统提供的声音都不是很满意,还可以自己添加计算机中的声音文件,可单击【浏览】按钮选择计算机中的声音,设置完毕后单击【确定】按钮保存设置。

系统声音文件格式必须是 WAV 格式文件。

4. 屏幕保护程序

电脑屏幕长时间处于同一个画面不动,对于显示器来说很不好,会损害显示器屏幕,从而造成缩短屏幕使用寿命。如果能设置自动屏幕保护功能,就可以在一段时间内即使不使用计算机,计算机也可以自动开启屏幕保护程序,让电脑的屏幕自动显示动画从而达到保护屏幕的作用,这就是屏幕保护程序。接下来让我们使用屏幕保护程序让屏幕靓起来,具体步骤如下。

① 桌面空白处单击鼠标右键,打开"个性化"窗口,单击右侧窗格底部的"屏幕保护程序"链接,如图 2-3-6所示。

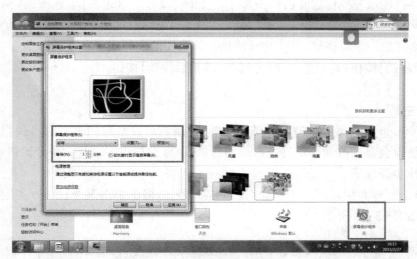

图 2-3-6　屏幕保护程序

② 弹出"屏幕保护程序设置"对话框,在"屏幕保护程序"组中单击默认的【下拉列表】按钮,从弹出的下拉列表中选择自己喜欢的屏幕保护程序。

③ 选择好屏幕保护程序后,可以在对话框的预览窗格中预览屏保效果,然后在"等待"下拉列表框中设置屏保等待时间,再单击【确定】按钮。

④ 若想在恢复屏幕保护程序时显示登录界面,可选择图中的"在恢复时显示登录屏幕"复选框。

5. 更改屏幕字体

有时屏幕中的字体看起来不美观,如何改变屏幕字体来达到美观的效果呢? 具体操作步骤如下。

① 桌面空白处单击鼠标右键,打开"个性化"窗口,单击左侧窗格底部的"显示"链接。

② 打开"显示"窗口,在右侧窗格中选中"中等"。

③ 如果上述提供的显示比例不能满足个人要求,在弹出的"显示"窗口中,单击左侧窗格的"设置自定义文本大小(DPI)"链接,如图 2-3-7 所示。

图 2-3-7　更改屏幕字体

④ 弹出"自定义 DPI 设置"对话框,要自定义 DPI 设置,可从"缩放为正常大小的百分比"下拉列表中选择一个自己觉得合适的百分比,或者直接用鼠标拖动标尺改变比例,设置完毕后单击【确定】按钮。

⑤ 然后,返回到"显示"窗口,这时窗口中多了一个【较大(L)- 150%】单选按钮,选中该按钮后,单击"应用"按钮。

⑥ 这时会立刻弹出一个对话框,提示必须注销计算机才能应用以上的更改设置。假如需要马上设置生效,则单击【立即注销】按钮;若不急着使用,可单击【稍后注销】按钮。

6. 更改 Aero 主题

Aero 主题是 Windows 7 系统独有的特殊新功能,使用它可以给我们带来赏心悦目的主题效果,只要改变系统主题,系统就会自动改变菜单、图标、桌面背景、屏幕保护程序以及一些计算机事件的声音甚至指针外观等,具体操作步骤如下。

桌面空白处单击鼠标右键,打开"个性化"窗口,在右侧窗格中单击某个【Aero 主题】按钮即可更改并应用系统主题,如图 2-3-8 所示。

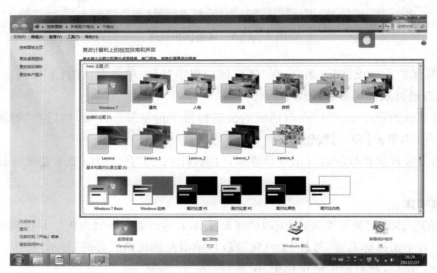

图 2-3-8 "Aero 主题"

2.3.2 Windows 7 边栏小工具

很多用户第一次使用 Windows 7 系统时,都被它绚丽的外观所吸引,特别是右侧的边栏小工具更是引人入胜。这些边栏不仅样式美观,它还具有一些特殊功能,使用它可以使工作区变得更加整齐,操作效率更高。

Windows 7 桌面上的边栏小工具可以随意关闭、打开和移动位置。具体操作步骤如下。

① 若桌面上没有显示出 Windows 边栏小工具,如果想添加边栏小工具,可以点击"开始"|"所有程序"|"桌面小工具库"命令。

② 打开"桌面小工具库"窗口,双击窗口中的小工具按钮,例如要添加时钟小工具,就可以点击时钟小插件。

③ 刚才选中的时钟小工具,就出现在桌面右侧的 Windows 边栏上,如图 2-3-9 所示。

④ 若想将 Windows 边栏置于所有窗口的最上方显示,可以右击小工具图标,从弹出的快捷菜单中选择"前端显示"命令。这样所添加的小工具就会出现在所有窗口的最上方。

⑤ 若打算关闭 Windows 边栏,可以在选中的小工具图标上右击,从弹出的快捷菜单中选择"关闭小工具"命令,或是将鼠标指针移动到小工具上,接着会在上面出现【关闭】按钮,点击即可关闭。

图 2‑3‑9　桌面小工具

2.3.3　控制面板

在 Windows 7 中还可以进行更多的系统设置和管理,如设置日期和时间、设置鼠标属性、设置用户账户,以及添加和删除 Windows 程序和组件等,下面分别进行介绍。

1. 认识控制面板

控制面板其实是一个特殊的文件夹,和其他的文件夹功能一样,只不过它里面包含了各式各样的设置工具,用户可以直接通过控制面板来对系统进行独立设置。

(1) 启动控制面板

单击桌面上的【开始】按钮,找到"控制面板"命令,单击即可打开"控制面板"窗口,如图 2‑3‑10 所示。

图 2‑3‑10　"控制面板"类别

在"控制面板"窗口中通过单击不同的超链接可以进入相应的设置窗口界面,将鼠标长时间地停留在各分类标题上,系统会自动提示该超级链接的作用。

(2) 切换控制面板查看方式

"控制面板"窗口默认以"类别"方式显示,如不习惯,还可将其设置为"大图标"或"小图标"方式显示。

只需单击"查看方式"后面的【类别】按钮,在弹出的下拉菜单中选择相应的查看方式。

2. 设置时间与日期

每次重装系统,日期和时间都会初始化,接下来我们一起来学习如何设置系统时间和日期,具体步骤如下。

① 选择【开始】按钮|"控制面板"命令,打开"控制面板"窗口,在窗口中单击"时钟、语言和区域"链接。

② 打开"时钟、语言和区域"窗口,单击"日期和时间"选项下的"设置时间和日期"链接。

③ 弹出"日期和时间"对话框,切换到"日期和时间"选项卡,单击【更改日期和时间】按钮,如图2-3-11所示。

④ 弹出"日期和时间设置"对话框,在日期栏中单击年月链接。

图 2-3-11 "日期和时间"设置

除了可以通过控制面板打开"日期和时间设置"对话框来更改时间外,还可以直接单击任务栏中的显示时间区域,更改方法和上面的操作一样。

3. 调节音量大小

"控制面板"中的"硬件和声音"选项主要控制系统中的输入输出声音。通过调节音量大小可以控制设备和应用程序中的声音大小。调节系统音量大小在任务栏中还有音量调节快捷方式。操作步骤如下所示。

① 单击系统磁盘中的音量图标,在弹出的面板中上下拖动滑块可以改变扬声器的音量大小,当改变音量后,其他相应的应用程序也将随之发生改变。

② 若要分别调整应用程序的声音大小,可单击窗口中下方的"合成器"链接,打开"音量合成器—扬声器"对话框。如图2-3-12所示。

4. 卸载程序

计算机之所以能帮助人们解决各式各样的问题,主要原因在于计算机内可以装载不同的应用程序,正是由于这些程序才使我们能够实现电脑上网、听歌、看电影等不同的功能。

在电脑中安装了各种各样的软件后,如果某一时段不需要用到,就可以把它从电脑中卸载,这样不仅能够释放出磁盘空间,也能起到加快系统速度的作用。卸载软件方法如下。

① 打开"控制面板"窗口并在"类别"菜单中切换到"大图标"显示,找到"程序和功能"选项。

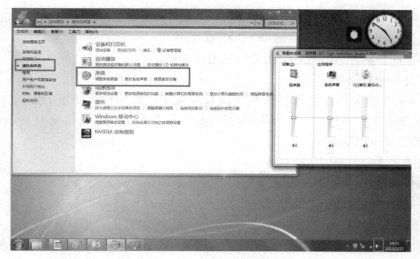

图 2 - 3 - 12 音量合成器—扬声器

② 打开"程序和功能"窗口,在列表框中选中要卸载的程序,单击工具栏中的【卸载/更改】按钮,如图 2 - 3 - 13所示。

③ 在弹出的对话框中选择【是】按钮,系统开始卸载所选的程序。

图 2 - 3 - 13 卸载程序

5. 用户账户管理

和前几代 Windows 操作系统一样,Windows 7 系统也具有多用户管理功能,能够实现多个用户独立使用具有独自个性的工作和娱乐环境。

(1) 账户介绍

在 Windows 7 中,账户可以分为 3 类:管理员账户、受限账户和来宾账户。

① 管理员账户:管理员账户可以更改计算机中的安全设置、安装软件和硬件,还可以访问计算机上的所有文件。简单来说就是管理员账户对计算机具有完全访问权。管理员还可以对其他账户就行权限修改。管理员账户可以创建和删除计算机上的用户账户,可以为计算机上的其他账户创建账户密码,还可以更改其他账户的账户名、图片、密码和账户类型。在安装系统时,默认状态下所设置的账户就是管理员账户,管理员账户一般命名为"Administrator"。

② 标准账户:标准账户可以使用计算机的绝大多数功能,但是如果要进行影响计算机安全性的操作,则需要管理员账户的许可,要求提供管理员密码才能进行操作。

标准账户的权限如下。

● 无法安装软件和硬件,但可以访问系统已经安装的程序;

● 可以更改其他账户图片,还可以创建、更改或删除密码;

● 无法修改名称和账户类型。

③ 来宾账户:来宾账户是供在计算机或域中没有永久账户的用户所使用的账户。它没有账户和密码,可以很快登录。来宾账户可以使用计算机,但是没有访问个人文件的权限,无法安装软件和硬件,无法更改设置和创建密码,安全级别最低。

来宾账户的权限如下。

● 无法安装软件和硬件,但可以访问系统中已经安装的程序;

● 无法更改来宾账户图片、名称、账户类型。

（2）创建与删除用户账户

系统安装后,会自动创建一个管理员账户,除此之外还可以根据个人实际需求创建多个用户账户。创建用户账户的具体步骤如下。

① 选择【开始】按钮|"控制面板"命令,在"控制面板"窗口的"类别"模式下,单击"用户账户和家庭安全"链接,如图 2-3-14 所示。

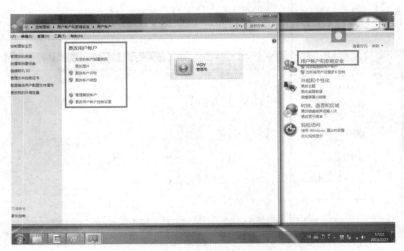

图 2-3-14 用户与账户安全

② 打开"用户账户和家庭安全"窗口,单击"用户账户"下的"添加或删除用户账户"链接。

③ 在打开的"管理账户"窗口底端单击"创建一个新账户"链接,如图 2-3-15 所示。

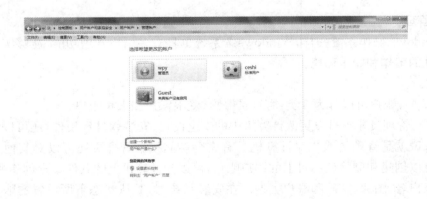

图 2-3-15 创建新用户

④ 打开"创建新账户"窗口,在文本框中输入创建的新账户的名称,然后再选择新账户的类型。设置完成后单击【创建账户】按钮,如图 2-3-16 所示。

⑤ 这时,一个新的账户就创建好了。

图 2-3-16　输入新用户名字

删除用户账户的具体步骤如下。

① 选择【开始】按钮|"控制面板"命令,在"控制面板"窗口的"类别"模式下,单击"用户账户和家庭安全"链接。

② 打开"用户账户和家庭安全"窗口,单击"用户账户"下的"添加或删除用户账户"链接。

③ 打开"管理账户"窗口,然后在下拉列表框中选择要删除的用户。

④ 在"更改账户"窗口显示的所选账户更改选项,单击"删除账户"链接,如图 2-3-17 所示。

图 2-3-17　删除用户

新建或者删除账户只能在管理员账户登录计算机的情况下进行。

(3) 设置账户密码

为了防止他人随意进入你的电脑,需要在系统中创建账户密码,具体操作如下。

① 选择【开始】按钮|"控制面板"命令,在"控制面板"窗口中单击"用户账户和家庭安全"链接。

② 打开"用户账户和家庭安全"窗口,单击"用户账户"下的"更改 Windows 密码"链接。

③ 进入"更改用户账户"界面,单击"为您的账户创建密码"链接,如图 2-3-18 所示。

图 2 - 3 - 18　创建密码

④ 弹出"创建密码"窗口,在"新密码"文本框中输入账户密码,在"确认新密码"文本框中再次输入账户密码,再单击【创建密码】按钮。

6. 使用家长控制协助管理计算机

一般来讲,学生的自我控制能力比较差,家长都想对于学生常用的程序或者是某个游戏进行控制,接下来就以为标准用户账户启用家长控制为例,一起学习如何设置访问权限,达到家长对于计算机程序的控制。

为标准用户账户启用家长控制权限,具体步骤如下。

① 选择【开始】按钮|"控制面板"命令,在"控制面板"窗口中单击"用户账户和家庭安全"链接。

② 打开"用户账户和家庭安全"窗口,单击"家长控制"链接,如图 2 - 3 - 19 所示。

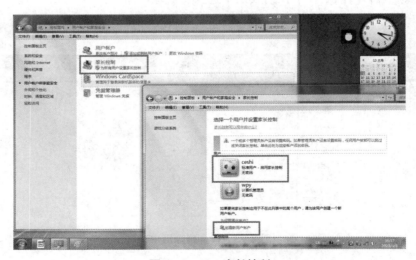

图 2 - 3 - 19　家长控制

③ 从弹出的"家长控制"窗口中,单击选择一个标准用户启用家长控制。需要注意若要为孩子设置家长控制,您需要先有一个管理员用户账户,只有这样,您才有对标准用户进行家长控制的权限。而且,在进行设置前,需要确定您已经为孩子设定好了一个标准用户账户,因为家长控制功能只能应用于标准用户。如果尚未设置标准用户账户,在"家长控制"窗口底部,单击"创建新用户账户"即可。

④ 在弹出的"用户控制"窗口中,选中【启用当前设置】单选按钮,如图 2 - 3 - 20 所示。单击即可创建为标准用户账户启用家长控制。

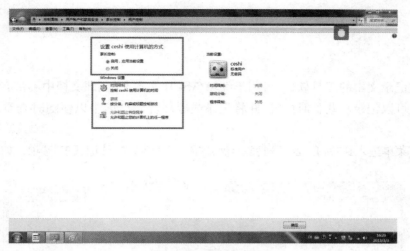

图 2-3-20　启用家长控制

⑤ 设置使用计算机的方式,Windows 系统分别从时间限制、游戏和允许和阻止特定程序 3 方面对标准用户账户来进行设置。如图 2-3-21 所示。

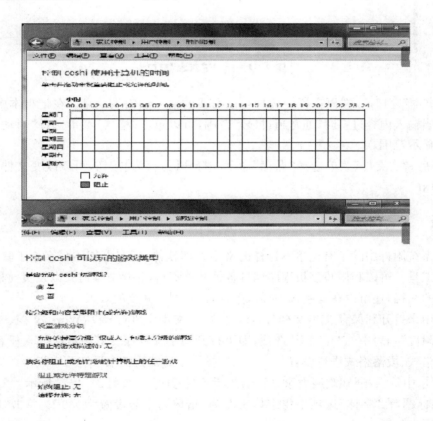

图 2-3-21　时间和程序控制

2.4　使用 Windows 7 自带附件工具

当安装 Windows 7 系统后还没有安装其他各种用途的软件时,使用 Windows 7 自带的工具也能够满足我们日常基本的使用需求。在众多自带附件工具中,使用较多的主要有记事本、写字板、画图以及录音

机等工具。

2.4.1　记事本

记事本是一款记录文本的工具软件,可用于编辑 ASCII 文本文档(即文档中不带有特殊格式代码或者特制字符),使用它可以记录一些临时内容,并将记录内容保存到电脑中以便随时查看。记事本的使用方法如下。

① 打开"开始"菜单进入到"所有程序"列表中,展开"附件"列表,选择"记事本"选项。如图 2-4-1 所示。

图 2-4-1　"记事本"窗口

② 打开"记事本"窗口后,在语言栏中选择自己需要的输入法输入信息。在记事本中可以输入英文、数字以及中文。当输入内容过多时,通常超过显示范围,可以单击"格式"菜单选择"自动换行"命令,让文字自动适应窗口显示范围。

③ 输入完毕后,在"文件"菜单选择"保存"命令。打开【另存为】按钮,可以改变文件保存位置。记事本后缀一般为".txt"。

2.4.2　写字板

Windows 7 系统附件中除了有记事本这样的文字处理软件,还有自带的写字板工具。它是一款小型的文档编辑排版工具。可以利用写字板程序编排各种文档资料,并对文本格式以及页面格式进行设置,从而实现编排规范的文档,还可以在写字板中插入图片,达到图文并茂的效果。

写字板可以用来打开和保存文本文档(.txt)、多格式文本文件(.rtf)\Word 文档(.docx)等。在"开始"菜单中选择"附件"列表中的"写字板"选项,即可打开写字板程序。其中可以输入任意文字内容,输入后还可以对文本格式、段落格式进行设置。下面以编排一个通知为例来了解写字板。

① 写字板窗口中输入"通知欢迎大家来我幼儿园参观考察"。如图 2-4-2 所示。

② 选中文档标题,在"字体"选项中将字体更改为"楷体",字号设置为"30"。单击"段落"组中的【居中】按钮,将标题居中显示。

③ 拖动鼠标选择所有正文将字体设置为"宋体",字号为 20。打开"段落"对话框,在"首行"框中输入"1 厘米",单击确定。

此时文档被调整为首行缩进两个字符的规范文档。

2.4.3　录音机

录音机软件能录下声音,为我们的生活增彩。使用录音机的方法如下。

① 选择"开始"|"所有程序"|"录音机"命令,如图 2-4-3 所示。

图 2－4－2　"写字板"窗口

② 在录音机程序窗口中,单击【开始录制】按钮。

③ 开始录制后,右边的计时器开始计时,【开始录制】按钮也变为【停止录制】按钮,若要停止录音,单击【停止录制】按钮,此时会弹出"另存为"对话框,输入保存文件名称及保存位置。

④ 如果要继续录制音频,单击"另存为"窗口中的【取消】按钮,然后单击【继续录制】按钮,可以继续录制。

要使用录音机,计算机中必须要装有声卡和扬声器,如要录音还要有麦克风或者其他录入设备。

图 2－4－3　录音机

2.4.4　画图工具

画图工具也是 Windows 7 自带的小工具之一,它是一个不错的绘制、处理图像的工具,使用它可以很方便地浏览、编辑或者自己创建一幅图片。

启动画图程序的方法与前面介绍的其他小工具启动方法类似,方法是选择"开始"|"所有程序"|"附件"|"画图命令",打开"画图"窗口,如图 2－4－4 所示。

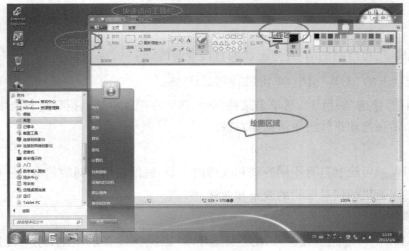

图 2－4－4　"画图"窗口

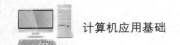

1. 窗口介绍

画图窗口主要包含 4 个部分：【画图】按钮、快速访问工具栏、功能区以及绘图区。在窗口中，上边是工具栏，里面包含有菜单按钮和许多画图工具，像铅笔、线条、颜色等；中间是工作区，里面有一个空白的画布，可以在里面画画；窗口最上边还有两个标签，主页和查看，查看标签里可以放大和缩小画布视图，如图 2-4-5 所示。

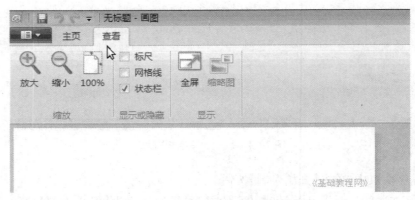

图 2-4-5　画图中的"查看"选项

在"画图"工具中可以使用多个不同的工具绘制线条，如图 2-4-6 所示。您所使用的工具及所选择的选项决定了线条在您的绘图中显示的方式。

图 2-4-6　绘图工具

（1）铅笔

使用"铅笔"工具 可绘制细的、任意形状的直线或曲线。

① 在"主页"选项卡的"工具"组中，单击"铅笔"工具 。

② 在"颜色"组中，单击"颜色 1"，再单击某种颜色，然后在图片中拖动指针进行绘图。若要使用"颜色2（背景）"颜色绘图，请在拖动指针时单击鼠标右键。

（2）刷子

使用"刷子"工具 可绘制具有不同外观和纹理的线条，就像使用不同的艺术刷一样。使用不同的刷子，可以绘制具有不同效果的任意形状的线条和曲线。

（3）"直线"工具

使用"直线"工具 可绘制直线。使用此工具时，可以选择线条的粗细，还可以选择线条的外观。

若要更改线条样式,请在"形状"组中单击"边框",然后单击某种线条样式。若要绘制水平直线,请在从一侧到另一侧绘制直线时按住[Shift]键。若要绘制垂直直线,请在向上或向下绘制直线时按住[Shift]键。

（4）"曲线"工具

使用"曲线"工具 ∿ 可绘制平滑曲线。在"主页"选项卡的"形状"组中,单击"曲线"工具 ∿。单击"尺寸",然后单击某个线条尺寸,这将决定线条的粗细。创建直线后,在图片中单击希望曲线弧分布的区域,然后拖动指针调节曲线。

（5）其他形状

如果要绘制其他形状,可以使用"画图"在图片中添加其他形状。已有的形状除了传统的矩形、椭圆、三角形和箭头之外,还包括一些有趣的特殊形状,如心形、闪电形或标注等,如图 2-4-7 所示。

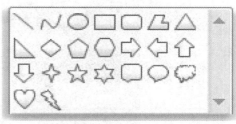

图 2-4-7　其他图形

（6）多边形工具

使用"多边形"工具 ▱ 可以绘制具有任意边数的自定义形状。在"主页"选项卡的"形状"组中,单击"多边形"工具 ▱。若要绘制多边形,请拖动指针画一条直线。然后,在希望其他边出现的每个位置单击。

图 2-4-8　文本工具

若要创建带有 45°或 90°角的多边形,请在创建每个 45°或 90°角所在的边时按住[Shift]键。将最后一条线和第一条线连接起来,以完成绘制多边形并关闭该形状。

（7）"文本"工具

使用"文本"工具 **A** 可以在图片中输入文本。在"主页"选项卡的"工具"组中,单击"文本"工具 **A**。在希望添加文本的绘图区域拖动指针。在"文本工具"下,在"文本"选项卡的"字体"组中单击字体、大小和样式,如图 2-4-8 所示。

2.　绘图操作

下面以制作一个黄色的小鸭为例,讲解各工具的使用。

① 在工具箱中选择"油漆桶"工具,选择"颜色 2",在颜料盒中选蓝色,然后在绘图区点一下右键,把纸喷成蓝色背景,如图 2-4-9 所示。

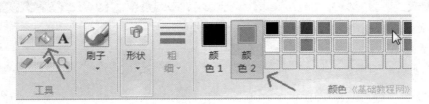

图 2-4-9　蓝色背景

② 在形状工具栏中选择"椭圆",选择"颜色 1",在颜料盒中选择黑色,绘图区画两个椭圆,作为小鸭的头和身子,如图 2-4-10 所示。

③ 选择"油漆桶"工具,选择"颜色 1",在颜料盒中选择黄色,点左键在两个圆中间喷上黄色。

④ 选择"椭圆"工具,画一个小圆喷上黑色作为眼睛。选"刷子"工具,在颜色中选黄色,画出小鸭的眼睛。

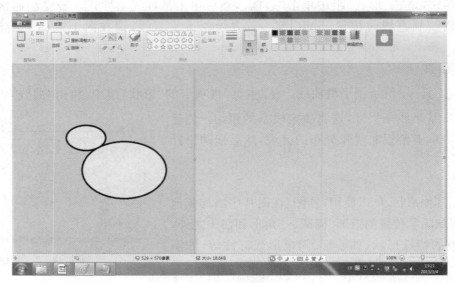

图 2-4-10　绘图区

⑤ 选择"直线"工具，给小鸭子画上嘴巴并喷上黄色，画嘴巴的区域要是闭合的才能填充。

⑥ 用"铅笔工具给小鸭子画上翅膀，画上水波。一幅儿童卡通画就完成了，如图 2-4-11 所示。

⑦ 点菜单"文件"|"保存"命令，以"小鸭"为文件名，保存文件到自己的文件夹中。

图 2-4-11　小鸭戏水

本 章 小 结

　　Windows 7 是微软继 Windows Vista 之后的下一代操作系统，由于它的出现使我们的生活和工作带来了前所未有的改变，本章通过 4 节内容分别从如何使用 Windows 7 操作系统、管理电脑资源、个性化设置电脑，以及如何使用常见附件工具等 4 个方面来帮助读者了解使用 Windows 7 操作系统，希望大家通过学习可以灵活掌握 Windows 7 操作系统。

习 题

一、单选题

1. 下列哪一个操作系统不是微软公司开发的操作系统？
   A．Windows server 2003　　　　　　B．Windows 7
   C．Linux　　　　　　　　　　　　　D．Vista

2. 在 Windows 7 操作系统中，双击窗口标题栏，窗口会_____。
   A．关闭　　　　　B．消失　　　　　C．最大化　　　　　D．最小化

3. 在 Windows 7 操作系统中，显示桌面的快捷键是_____。
   A．[Win]+[D]　　　　　　　　　　B．[Win]+[P]
   C．[Win]+[Tab]　　　　　　　　　D．[Alt]+[Tab]

4. 安装程序时通常默认安装在_____中的"Program Files"文件夹中。
   A．C 盘　　　　　B．D 盘　　　　　C．E 盘　　　　　D．F 盘

5. 文件的类型可以根据_____来识别。
   A．文件的大小　　　　　　　　　　B．文件的用途
   C．文件的扩展名　　　　　　　　　D．文件的存放位置

二、多选题

1. 在 Windows 7 中个性化设置包括_____。
   A．主题　　　　　B．桌面背景　　　　　C．窗口颜色　　　　　D．声音

2. 在 Windows 7 中可以完成窗口切换的方法是_____。
   A．[Alt]+[Tab]　　　　　　　　　B．[Win]+[Tab]
   C．单击要切换窗口的任何可见部位　　D．单击任务栏上要切换的应用程序按钮

3. 下列属于 Windows 7 控制面板中设置项目的是_____。
   A．Windows Update　　B．备份和还原　　C．恢复　　　　D．网络和共享中心

4. 在 Windows 7 操作系统中，属于默认库的有_____。
   A．文档　　　　　B．音乐　　　　　C．图片　　　　　D．视频

5. Windows 7 和 Windows XP 操作系统相比较，突出的特点是_____。
   A．更易用　　　　　B．更快速　　　　　C．更简单　　　　　D．更安全

三、填空题

1. 在 Windows 7 系统中，通常使用_____进行文件和文件夹的管理。

2. Windows 7 系统查看磁盘信息的方式，包括_____、_____、_____、_____。

3. Windows 7 是由_____公司开发的具有革命性变化的操作系统。

4. Window7 系统账户有 3 种不同类型：_____、_____、_____。

5. 若要创建新账户，可打开控制面板窗口，单击"添加和删除用户账户"选项，弹出"管理账户"窗口，单击_____按钮即可。

6. Windows 7 系统主题包括_____、_____、窗口颜色和声音等。

7. Windows 7 系统中的任务栏中包含_____、_____、_____和任务通知区域 4 部分。

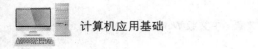

四、简答题

1. 桌面上常见的图标有哪些？各有哪些作用？
2. 任务栏由哪几个部分构成？各有哪些作用？
3. 简述窗口的组成。
4. 使用家长控制可以控制哪些内容？

第3章
Word 2010 文字处理软件

Word 是目前世界上最流行、最实用的文字处理软件,可以帮助用户轻松、快捷地创建精美的文档。它适于制作各种文档,如书籍、信函、传真、公文、报刊、表格、图表、图形和简历等材料。Word 具有许多方便优越的性能,可以让用户在极短的时间内高效地得到极佳的结果。

3.1 初步掌握 Word 2010

本节将介绍有关 Word 2010 文档的基本操作,包括新建文档、保存文档、打开文档、关闭文档,以及如何快速在 Word 文档中输入与编辑文本。

3.1.1 走进 Word 2010

Word 的最初版本是由 Richard Brodie 为了运行 DOS 的 IBM 计算机而在 1983 年编写的。随后的版本可运行于 Apple Macintosh(1984 年),SCO UNIX 和 Microsoft Windows(1989 年),并成为了 Microsoft Office 的一部分。

1. Word 2010 新特点

(1) 与他人同步工作

Word 2010 重新定义了人们一起处理某个文档的方式。利用共同创作功能,用户可以编辑论文,同时与他人分享自己的思想观点。

(2) 发现改进的搜索和导航体验

Word 2010 可更加便捷地查找信息。利用新增的改进查找体验,用户可以按照图形、表、脚注和注释来查找内容。改进的导航窗格为用户提供了文档的直观表示形式,这样就可以直接对所需内容进行快速浏览、排序和查找。

(3) 任何地点访问和共享文档

联机发布文档,然后通过计算机或基于 Windows Mobile 的 Smartphone 在任何地方访问、查看和编辑这些文档。通过 Word 2010,用户可以在多个地点和多种设备上获得一流的文档体验 Microsoft Word Web 应用程序。当在办公室、住址或学校之外通过 Web 浏览器编辑文档时,不会削弱已经习惯的高质量查看体验。

（4）向文本添加视觉效果

利用 Word 2010,用户可以向文本应用图像效果,如阴影、凹凸、发光和映像。也可以向文本应用格式设置,以便与您的图像实现无缝混合。操作起来快速、轻松,只需单击几次鼠标即可。

（5）将文本转化为引人注目的图表

利用 Word 2010 提供的更多选项,用户可将视觉效果添加到文档中。可以从新增的 SmartArt 图形中选择,以在数分钟内构建令人印象深刻的图表。SmartArt 中的图形功能同样也可以将点句列出的文本转换为引人注目的视觉图形,以便更好地展示用户的创意。

（6）向文档加入视觉效果

利用 Word 2010 中新增的图片编辑工具,无需其他照片编辑软件,即可插入、剪裁和添加图片特效,用户也可以更改颜色饱和度、色温、亮度以及对比度,以轻松将简单文档转化为艺术作品。

（7）恢复已丢失的工作

曾经在某文档中工作一段时间后,不小心关闭了文档却没有保存,没关系,Word 2010 可以使得用户像打开任何文件一样恢复最近编辑的草稿,即使没有保存该文档。

（8）跨越沟通障碍

利用 Word 2010 可以轻松跨越不同语言沟通交流,翻译单词、词组或文档。可针对屏幕提示、帮助内容和显示内容分别进行不同的语言设置。甚至可以将完整的文档发送到网站进行并行翻译。

（9）将屏幕快照插入到文档中

插入屏幕快照,以便快捷捕获可视图示,并将其合并到您的工作中。当跨文档重用屏幕快照时,利用"粘贴预览"功能,可在放入所添加内容之前查看其外观。

（10）利用增强的用户体验完成更多工作

Word 2010 简化了用户使用功能的方式。新增的 Microsoft Office Backstage 视图替换了传统文件菜单,只需单击几次鼠标,即可保存、共享、打印和发布文档。利用改进的功能区,用户可以快速访问常用的命令,并创建自定义选项卡,将体验个性化为符合您的工作风格需要。

图 3-1-1　Word 2010 的工作界面

2. Word 2010 的工作界面

Word 2010 的工作界面中有标题栏、选项卡、功能区、标尺、状态栏和工作区等,如图 3-1-1 所示。在操作过程中还可能出现快捷菜单等元素。选用的视图不同,显示的屏幕元素也不同。用户自己也可以控制某些屏幕元素的显示或隐藏。

（1）标题栏

① Office 按钮:这是 Word 2010 中保留的唯一一个下拉菜单,它相当于老版本的"文件"菜单。

② 快速访问工具栏:用户可以在"快速访问工具栏"上放置一些最常用的命令按钮。

该工具栏中的命令按钮不会动态变换。用户可以增加、删除"快速访问工具栏"中的命令项。其方法是:单击"快速访问工具栏"右边向下箭头按钮,在弹出的下拉菜单中选中或者取消相应的复选框即可,如图 3-1-2 所示。

如果选择"在功能区下方显示"选项,这时快速访问工具栏就会出现在功能区的下方,而不是上方。

③ 标题部分：它显示了当前编辑的文档名称。

④ 窗口控制按钮：包含了【最小化】按钮、【最大化/还原】按钮和【关闭】按钮。按［Alt］＋空格键会打开控制菜单，通过该菜单也可以进行移动、最小化、最大化窗口和关闭程序等操作。

（2）功能区

在 Word 2010 中，已经用功能区取代了传统的菜单和工具栏。功能区包含选项卡、组和按钮。选项卡位于标题栏下方，每一个选项卡都包含若干个组，组是由代表各种命令的按钮组成的集合。Word 2010 的命令是以面向对象的思想进行组织的，同一组的按钮其功能是相近的。

功能区中每个按钮都是图形化的，用户可以一眼分辨它的功能。而且，当鼠标指向功能区中的按钮时，会出现一个浮动窗口，显示该按钮的功能。在选项卡的某些组的右下角有一个【对话框启动器】按钮，单击该按钮可弹出相应的对话框。

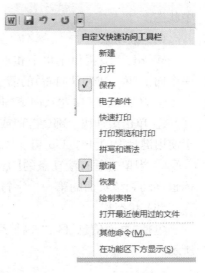

图 3 - 1 - 2　自定义快速访问工具栏

除了可以直接用鼠标单击功能区中的按钮来使用各种命令外，用户也可以使用键盘按键来进行操作。用户只要按下键盘的［Alt］键或［F10］键，功能区就会出现下一步操作的按键提示。

Word 2010 会根据用户当前操作对象自动显示一个动态选项卡，该选项卡中的所有命令都和当前用户操作对象相关。例如，当用户选择了文档中的一张剪贴画时，在功能区中就会自动产生一个粉色高亮显示的"图片工具"动态选项卡，如图 3 - 1 - 3 所示。

图 3 - 1 - 3　"图片工具"功能区

如果用户在浏览、操作文档过程中需要增大显示文档的空间，可以只显示选项卡，而不显示组和按钮。具体操作方法是：单击"快速访问工具栏"右边向下箭头按钮，在弹出的下拉菜单中选择"最小化功能区"命令，这时功能区中只显示选项卡名字，隐藏了组和按钮。如想恢复组和按钮的显示，只需在下拉菜单中撤消对它的选择即可。用户也可以通过［Ctrl］＋［F1］快捷键实现功能区的最小化操作或还原功能区的正常显示。

（3）标尺

在 Word 2010 中，默认情况标尺是隐藏的。用户可以通过单击窗口右边框上角的【显示标尺】按钮来显示标尺。标尺包括水平标尺和垂直标尺。可以通过水平标尺查看文档的宽度、查看和设置段落缩进的位置、查看和设置文档的左右边距、查看和设置制表符的位置；可以通过垂直标尺设置文档上下边距。

（4）工作区

Word 2010 窗口中间最大的白色区域就是工作区，即文档编辑区。在工作区，用户可以输入文字，插入图形、图片，设置和编辑格式等操作。

在工作区，无论何时，都会有插入点（一条竖线）不停闪烁，它指示下一个输入文字的位置。

在工作区另外一个很重要的符号是段落标记，它用来表示一个段落的结束，同时还包含了该段落所使用的格式信息。如果不想显示段落标记，用户可以单击 Office 按钮后选择"Word 选项"，在"Word 选项"对话框左侧选择"显示"选项，然后在右侧的"始终在屏幕上显示这些格式标记"组中取消"段落标记"的选

中状态。

（5）滚动条

Word 2010 提供了水平和垂直两种滚动条，使用滚动条可以快速移动文档。在滚动条的两端分别有一个向上（左）、向下（向右）的箭头按钮，在它们之间有一个矩形块，称为滚动块。

① 单击向上（向左）、向下（向右）按钮，屏幕可以向相应方向滚动一行（或一列）。

② 单击滚动块上部（左部）或下部（右部）的空白区域时，屏幕将分别向上（左）或向下（右）滚动一屏（相当于使用键盘上的［PageUp］键、［PageDown］键）。以上操作当屏幕滚动时，文字插入点光标位置不变。

③ 当单击垂直滚动条的【上一页】或【下一页】按钮时，屏幕跳到前一页或下一页，同时文字插入点光标也移动到该页面的第一个字符前面。

（6）状态栏

包括"页面信息"区、"文档字数统计"区、"拼写检查"区、"编辑模式"区及"视图模式"区，如图 3－1－4 所示。

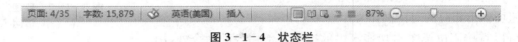

图 3－1－4　状态栏

3. Word 2010 的视图方式

（1）页面视图

在 Word 2010 中，页面视图是默认视图。在页面视图中，用户可以看到对象在实际打印页面中的效果，即在页面视图中，"所见即所得"。各文档页的完整形态，包括正文、页眉、页脚、自选图形、分栏等都按先后顺序、实际的打印格式精确显示出来。

（2）阅读版式视图

在阅读版式视图模式下，Word 将不显示选项卡、按钮组、状态栏、滚动条等，而在整个屏幕显示文档的内容。这种视图是为用户浏览文档而准备的功能，通常不允许用户再对文档进行编辑，除非用户单击【视图选项】按钮，在弹出的下拉菜单中选择"允许键入"命令。

（3）Web 版式视图

Web 版式视图比普通视图优越之处在于它显示所有文本、文本框、图片和图形对象；它比页面视图优越之处在于它不显示与 Web 页无关的信息，如不显示文档分页，也不显示页眉页脚，但可以看到背景和为适应窗口而换行的文本，而且图形的位置与所在浏览器中的位置一致。

（4）大纲视图

大纲是文档的组织结构，只有对文档中不同层次的内容用正文样式和不同层次的标题样式后，大纲视图的功能才能充分显露出来。

在大纲视图中，可以查看文档的结构，可以通过拖动标题来移动、复制和重新组织文本。此外，还可以通过折叠文档来查看主要标题，或者展开文档查看所有标题和正文的内容。当用户进入大纲视图时，会在选项卡添加一个"大纲"选项卡。

3.1.2　文档的基本操作

文档的基本操作主要包括新建文档、打开文档、保存文档、关闭文档等。

1. 新建 Word 文档

启动 Word 2010 后，系统会自动创建一个名为"文档 1"的空白文档。再次启动 Word 2010，将以"文档 2"、"文档 3"……这样的顺序命名新文档。

如果用户已经启动 Word 2010 或已经在编辑文档，这时要创建新的空白文档，可以单击"文件"选项

卡,选择"新建"命令,如图 3-1-5 所示。在中间的"可用模板"列表
框中可以选择文档模板的类型,选择好后单击【创建】按钮即可创建
相应的文档。

3-1-5 创建文档

2. 保存 Word 文档

为了将新建的或经过编辑的文档永久存放在计算机中,可以将
这个文档进行保存。

（1）新建文档的保存

① 单击"快速访问工具栏"中的【保存】按钮。

② 单击"文件"后在弹出的菜单中选择"保存"命令。

③ 按[Ctrl]+[S]或[Shift]+[F12]键。

不论是采用上述哪种方法来保存一个新建文档,都将打开"另存为"对话框。在这个对话框中需要指
定文档的保存位置和文档名。默认情况下,系统以".docx"作为文档的扩展名。

（2）保存已存在的文档

如果用户根据上面的方法保存已存在的文档,Word 2010 只会在后台对文档进行覆盖保存,即覆盖原
来的文档内容,没有对话框提示,但会在状态栏中出现"Word 正在保存……"的提示。一旦保存完成该提
示就会消失。

但有时用户希望保留一份文档修改前的副本,此时,用户可以单击"文件"后在弹出的下拉菜单中选择
"另存为"命令,在"另存为"对话框里进行文档的保存,要注意的是,如果不希望覆盖修改前的文档,必须修
改文档名或保存位置。

（3）自动保存文档

为了避免意外断电或死机这类情况的发生而减少不必要的损失,Word 2010 提供了在指定时间间隔
自动保存文档的功能。

（4）将文档加密保存

将文档加密保存可设置打开权限密码。对文档设置了打开权限密码后,用户如想打开该文档,必须拥
有正确的密码来验证用户的合法身份,否则将被视为非法用户,该文档将被拒绝打开。

设置打开权限密码的操作步骤如下。

① 打开"另存为"对话框。

② 单击该对话框左下角的【工具】按钮。

③ 在弹出菜单中选择"常规选项"命令,打开"常规选项"对话框。

④ 在"常规选项"对话框中设置"打开文件时的密码"。

⑤ 单击【确定】按钮后,根据提示再输入一遍密码。

⑥ 在"另存为"对话框中,设置保存文件的路径和文件名后单击【确定】按钮。

3. 打开 Word 文档

要编辑保存过的文档,需要先在 Word 中打开该文档。单击"文件"选项卡,在展开的菜单中选择"打
开"命令,弹出"打开"对话框,定位到要打开的文档路径下,然后选择要打开的文档,单击【打开】按钮即可
在 Word 窗口中打开选择的文档。

4. 关闭文档

对于暂时不再进行编辑的文档,可以将其关闭。在 Word 2010 中关闭当前已打开的文档有以下几种
方法。

① 在要关闭的文档中单击"文件"选项卡,然后在弹出的菜单中选择"关闭"命令。

② 按组合键[Ctrl]+[4]。

③ 单击文档窗口右上角的 ⊠ 按钮。

3.1.3 输入文本

创建 Word 文档后即可在文档中输入内容,如汉字、英文字符、数字、特殊符号以及公式等。

1. 插入点的移动

在文档编辑区中有一条闪烁的短竖线,称为插入点。插入点位置指示着将要插入的文字或图形的位置,以及各种编辑修改命令将生效的位置。移动插入点有如下几种方法。

① 利用鼠标移动插入点。

② 使用键盘控制键移动插入点,如表 3-1-1 所示。

表 3-1-1　控制键移动插入点的功能

按　键	功能说明
↑ ↓ ← →	将插入点移动到上一行、下一行、左一个字符、右一个字符
[Home]/[End]	移动插入点到行首/行尾
[PageUp]/[PageDown]	移动插入点到上一屏/下一屏
[Ctrl]+[PageUp]/[Ctrl]+[PageDown]	移动插入点到上一页窗口顶部/下一页窗口顶部
[Ctrl]+[Home]/[Ctrl]+[End]	移动插入点到文档开始处/文档结尾处
[Ctrl]+←/[Ctrl]+→	将插入点左移一个单词(词组)/右移一个单词(词组)
[Ctrl]+↑/[Ctrl]+↓	将插入点上移一个段落/下移一个段落

③ 利用定位对话框快速定位。

④ 返回上次编辑位置。按下[Shift]+[F5]键,就可以将插入点移动到执行最后一个动作的位置。Word 能记住最近 3 次编辑的位置,只要一直按住[Shift]+[F5]键,插入点就会在最近 3 次修改的位置跳动。

2. 输入中英文字符

在 Word 文档中可以输入汉字和英文字符,只要切换到中文输入法状态下,就可以通过键盘输入汉字,在英文状态下可以输入英文字符。

在文档中查找光标,即位于页面左上角的闪烁的垂直线,它表示输入的内容将显示在页面上的什么位置,如图 3-1-6 所示。

图 3-1-6　Word 工作窗口

如果要在页面的较下处而非最顶部开始输入,可以按键盘上的[Enter]键,直到光标位于要输入的位置。

在开始输入时,输入的文本会向右推动光标。如果到达行尾,继续输入,文本和插入点会自行移动到下一行。

在输入第一个段落后,按[Enter]键转到下一个段落。如果这两个段落(或任意两个段落)之间需要更大间距,再次按[Enter]键,然后开始输入第二个段落。

如果在输入时出现错误,只需按[Backspace]键来"擦除"错误字符或单词。

3. 插入符号和特殊符号

在文档编辑过程中经常需要输入键盘上没有的字符,这就需要通过 Word 中插入符号的功能来实现。具体操作步骤如下。

① 将光标定位在要插入符号的位置,切换到功能区中的"插入"选项卡,单击"符号"选项组中的【符号】按钮,在弹出的菜单中选择"其他符号"命令,如图 3-1-7 所示。

图 3-1-7　选择"其他符号"命令

② 打开"符号"对话框,在"字体"下拉列表框中选择"Wingdings"选项(不同的字体存放着不同的字符集),在下方选择要插入的符号,如图 3-1-8 所示。

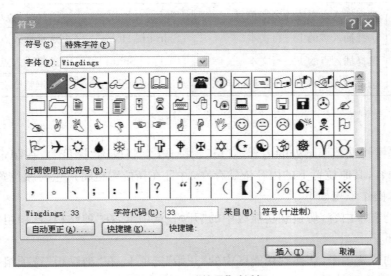

图 3-1-8　"符号"对话框

③ 单击【插入】按钮,就可以在插入点处插入该符号。单击文档中要插入其他符号的位置,然后单击"符号"对话框中要插入的符号。如果不需要插入符号时,单击【关闭】按钮关闭"符号"对话框。

3.1.4　修改文本的内容

在编辑文档时,需要对文档中存在的错误进行修改,可以使用插入、删除等一些基本的操作来修改错

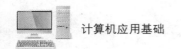

的内容。

1. 选择文本

对文档进行编辑时,需要先选择文本内容,再对选择的文本进行编辑操作。根据选择范围的不同,选择文本的方法有以下两种。

(1) 使用鼠标选定文本块

① 在文本上拖动进行任意选定。

② 使用[Shift]键和鼠标来进行连续选定。

③ 选定一个单词或一个词组。

④ 选定一个句子:在句子任意位置[Ctrl]+单击。

⑤ 选定一行文本。

⑥ 选定一段文本:段落内三击,在段落最左边双击。

⑦ 多个文本块的选定:按住[Ctrl]键。

⑧ 选定一块矩形区域的文本块:先将鼠标的光标定位于要选定文本的一角,然后按住[Alt]键并拖动到文本块的对角。

⑨ 选定整个文档:文本最左边三击。

⑩ 取消选定。

(2) 用键盘选定文本块

用键盘选定文本块如表3-1-2所示。

表3-1-2 用键盘选定文本块

快捷键	文本选定操作	快捷键	文本选定操作
[Shift]+→	选择插入点右边一个字符	[Ctrl]+[Shift]+←	选择插入点左边一个单词或词组
[Shift]+←	选择插入点左边一个字符	[Shift]+[End]	选择插入点到行尾的文本
[Shift]+↑	选择插入点的上一行文本	[Shift]+[Home]	选择插入点到行首的文本
[Shift]+↓	选择插入点的下一行文本	[Ctrl]+[Shift]+↓	选择插入点到段尾的文本
[Ctrl]+[Shift]+→	选择插入点右边一个单词或词组	[Ctrl]+[A]	选定整个文档

2. 复制文本

复制文本内容是指将文档中某处的内容经过复制操作(复制也称"拷贝"),在制定位置获得完全相同的内容。复制后的内容,其原位置上的内容依然存在,并且在新位置也将产生与原位置完全相同的内容。

复制文本的具体操作步骤如下。

① 选择要复制的文本内容,切换到功能区中的"开始"选项卡,在"剪贴板"选项组中单击【复制】按钮,或直接用快捷键[Ctrl]+[C]。

② 在要复制到的位置单击,切换到功能区中的"开始"选项卡,在"剪贴板"选项组中单击【粘贴】按钮,或直接用快捷键[Ctrl]+[V],即可将选择的文本复制到指定位置,如图3-1-9所示。

3. 移动文本内容

Word 2010提供的移动功能可以将一处文本移动到另一处,以便重新组织文档的结构。具体操作步骤如下。

① 将鼠标指针指向选定的文本,鼠标指针变成箭头形状。

② 按住鼠标左键拖动,出现一条虚线插入点表明将要移动到的目标位置。

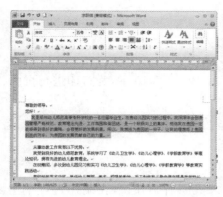
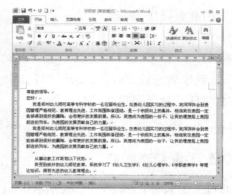

图 3-1-9　复制文档内容

③ 释放鼠标左键,选定的文本从原来的位置移到新的位置,如图 3-1-10 所示。

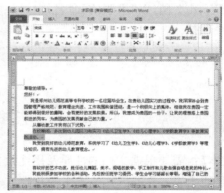

图 3-1-10　移动文本

4. 删除文本

删除文本内容是指将指定内容从文档中清除,删除文本内容的操作方法有以下 3 种。

① 对于少量字符,可用［Backspace］键删除插入点前面的字符,用［Delete］键删除插入点后面的字符。

② 删除大量文本,先选定要删除的文本,然后按［Delete］键或［Backspace］键即可。

③ 选择准备删除的文本块,切换到功能区中的"开始"选项卡,在"剪贴板"选项组中单击【剪切】按钮。

3.1.5　打印预览与输出

完成文档的排版操作后,就可以将文档打印输出到纸张上了。在打印之前,最好先预览效果,如果满意再进行打印。本节将介绍如何进行打印预览及打印输出。

1. 打印预览文档

为了保证打印输出的品质及准确性,一般在正式打印前都需要先进入预览状态,检查文档整体版式布局是否还存在问题。确认无误后才会进入下一步的打印设置及打印输出。

① 单击"文件"选项卡,在展开的菜单中单击"打印"命令,此时在文档窗口中将显示所有与文档打印有关的命令,在最右侧的窗格中能够预览打印效果,如图 3-1-11 所示。

② 拖动"显示比例"滚动条上的滑块能够调整文档的显示大小,如果文档有多页,单击【下一页】按钮和【上一页】按

图 3-1-11　打印预览

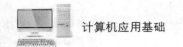

钮,能够进行预览的翻页操作。

2. 打印文档

对打印的预览效果满意后,即可对文档进行打印。在 Word 2010 中,为打印进行页面、页数和份数等设置,可以直接在"打印"命令列表中选择操作。

 课堂练习:起草求职信

本节将通过一个具体的实例——起草求职信,来巩固所学知识,在制作过程中主要涉及以下内容:

① 创建 Word 文档;

② 输入求职信内容;

③ 保存 Word 文档,以"求职信"命名;

④ 打印求职信。

3.2 Word 文本编辑与排版

用户输入文本后,需要根据文档的性质及用途设置文档格式,包括字符格式、段落格式等,以及基本的排版设计,这些是使用 Word 进行其他操作的基础。

3.2.1 设置文本格式

字符是汉字、字母、数字和各种符号的总称。字符格式是指字符的外观显示方式,主要包括:字符的字体和字号;字符的字形,即加粗、倾斜等;字符颜色、下划线、着重号等;字符的阴影、空心、上标或下标等特殊效果;字符的修饰,即给字符加边框、加底纹、字符缩放、字符间距及字符位置等。

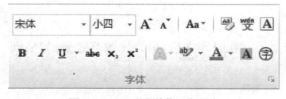

图 3-2-1 "字体"组选项卡

1. 设置字符格式的方法

(1) 使用"开始"选项卡中的"字体"组按钮设置字符格式

如图 3-2-1 所示,"字体"组中的按钮可以对字符进行字体、字号、加粗、倾斜、下划线、删除线、上标、下标、字体颜色、字符边框及字符底纹设置。

各按钮的功能说明如下。

① "字体"框:字体就是指字符的形体。Word 2010 提供了宋体、隶书、黑体等中文字体,也提供了 Calibri、Times New Roman 等英文字体。"字体"框中显示的字体名是用户正在使用的字体,如果选定文本包含 2 种以上字体,该框将呈现空白。单击"字体"下拉列表按钮,会弹出字体列表,从中可以选择需要的字体。

② "字号"框:用于设置字号。字号是指字符的大小。在 Word 中,字号有两种表示方法:一种是中文数字表示,称为"几"号字,如四号字、五号字,此时数字越小,实际的字符越大;另一种是用阿拉伯数字来表示,称为"磅"或"点",如 12 点、16 磅等,此时数字越小,字符也就越小。

③【B】和【I】按钮:用于设置字形。其中【B】按钮表示加粗,其快捷键为[Ctrl]+[B];【I】按钮表示倾斜,其快捷键为[Ctrl]+[I]。它们都是开关按钮,单击一次用于设置,再次单击则取消设置。

④【U】按钮:用于设置下划线,其快捷键为[Ctrl]+[U]。单击该按钮右边的下拉箭头按钮,可以打开下拉列表选择下划线类型及下划线颜色。

⑤【abe】按钮:用于设置删除线。

⑥【X₂】和【X²】按钮:分别用于设置上标和下标,其中【X₂】按钮用于设置下标,其快捷键是[Ctrl]+[=];【X²】按钮用于设置上标,其快捷键是[Ctrl]+[Shift]+[=]。除了将选定的字符直接设置为上下标外,用户还可以用提升字符位置的方法自定义上下标。

⑦【A ▾】按钮:用于设置字体颜色。单击该按钮,可将选定字符颜色设置为该按钮【A】下面的颜色;如果设置为其他颜色,可单击该按钮右侧的下拉箭头按钮,从中选择合适的颜色。

⑧【A】按钮:用于设置字符边框。

(2) 通过浮动工具栏设置字符格式

在 Word 2010 中,用鼠标选中文本后,会弹出一个半透明的浮动工具栏,把鼠标移动到它上面,就可以显示出完整的屏幕提示,如图 3-2-2 所示。通过浮动工具栏可以对字符进行字体、字号、加粗、倾斜、字体颜色、突出显示等设置。该工具栏按钮功能参见"字体"组按钮功能说明。

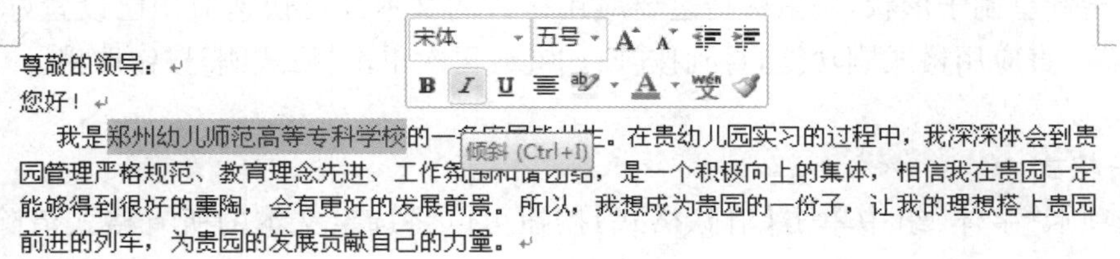

图 3-2-2　"字体"浮动工具栏

(3) 通过"字体"对话框设置字体格式

如图 3-2-3 所示的"字体"对话框中可以进行更细致、更复杂的字符格式设置。

在 Word 2010 中,打开该对话框的方法有 3 种。

① 在功能区选择"开始"选项卡,单击"字体"组右下角的【对话框启动器】按钮。

② Word 的编辑窗口右击,在弹出的快捷菜单中选择"字体"命令。

③ 按[Ctrl]+[D]快捷键。

"字体"对话框有"字体"和"字符间距"两个选项卡。

① "字体"选项卡:在该选项卡中可以对字符进行字体、字号、字形、字体颜色、下划线样式及其颜色、着重号、特殊效果(包括删除线、双删除线、上标、下标、阴影、空心、阳文、阴文、小型大写字母、全部大写字母、隐藏等)的设置。

② "字符间距"选项卡:可以设置字符缩放比例、字符之间的距离和字符的位置等,如图 3-2-4 所示。

"缩放"框:用于设置字符的"胖瘦"。大于 100% 的比例会使字符变"胖",小于 100% 的比例会使字符变"瘦"。

"间距"框:用于设置字符间距。

"位置"框:用于设置字符的垂直位置,有标准、提升和降低 3 种格式。

图 3-2-3 "字体"对话框　　　　　　　　　　图 3-2-4 "字符间距"选项卡

2. 复制字符格式

使用格式刷功能可以选定文本的字符格式复制给其他文本,从而快速对字符格式化。其具体操作方法是:选定要取其格式的文本或将插入点置于该文本的任意位置,在"开始"选项卡"剪贴板"组中单击【格式刷】按钮,此时指针呈刷子形状,用鼠标拖过要应用格式的文本即可快速应用已设置好的格式;双击【格式刷】按钮则可以一直应用格式刷功能,直到按[Esc]键或再次单击【格式刷】按钮取消。

3. 清除字符格式

在"开始"选项卡"字体"组中单击【清除格式】按钮可以将选定文本的所有格式清除,只留下纯文本内容。

3.2.2 设置段落格式

在 Word 2010 中,段落由段落标记标识。键入和编辑文本时,每按一次[Enter]键就插入一个段落标记。段落标记中保存着当前段落的全部格式化信息,如段落对齐、缩进、行距、段落间距等。

删除一个段落标记后,该段落的内容即成为其后段落的组成部分,并按其后段落的方式进行格式化。被删除的段落标记可用"撤消"命令恢复,从而也恢复了相应的段落格式。

将段落标记显示在屏幕上,有助于防止误删段落标记而导致段落格式化信息的丢失。

段落的格式设置主要包括段落的缩进、行间距、段间距、对齐方式以及对段落的修饰等。为设置一个段落的格式,先选择该段落,或将插入点置于该段落中任何位置。如果需设置多个段落的格式,则必须先选择这些段落。

1. 设置段落缩进

段落缩进是指将段落中的首行或其他行向两端缩进一段距离,使文档看上去更加清晰美观。在 Word 中,可以设置左缩进、右缩进、首行缩进和悬挂缩进。

① 左缩进:段落的所有行左侧均向右缩进一定的距离。

② 右缩进:段落的所有行右侧均向左缩进一定的距离。

③ 首行缩进:段落的第一行向右缩进一定的距离。中文文档一般都采用首行缩进两个汉字。

④ 悬挂缩进:除段落的第一行外,其余行均向右缩进一定的距离。这种缩进格式一般用于参考条目、词汇表项目等。

2. 设置行间距和段间距

（1）设置行间距

行间距是指一个段落内行与行之间的距离。默认情况下，Word 自动设置段落内的行间距为 1 个行高的距离（即"单倍行距"）。当行中出现有图形或字体发生变化，Word 即自动调节行高。

在"开始"选项卡"段落"组中单击【行距】按钮，会打开一个如图 3-2-5 所示的下拉菜单，从中可以快速设置段落的行距。

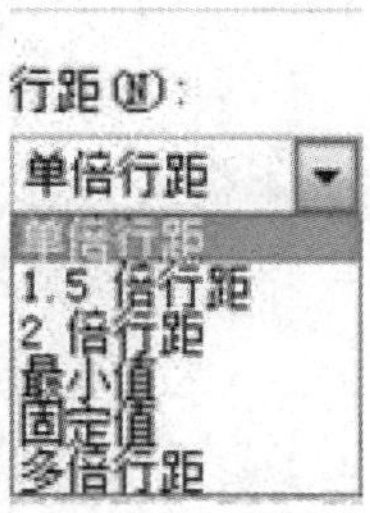

（2）设置段间距

段落间距是指相邻两个段落之间的距离。段落间距包括段前间距和段后间距两部分。设置段间距有两种方法。

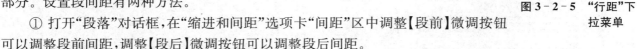

① 打开"段落"对话框，在"缩进和间距"选项卡"间距"区中调整【段前】微调按钮可以调整段前间距，调整【段后】微调按钮可以调整段后间距。

图 3-2-5 "行距"下拉菜单

② 在功能区选择"页面布局"选项卡，在该选项卡的"段落"组中单击【段前】或【段后】微调按钮来调整段落间距，如图 3-2-6 所示。

图 3-2-6 设置段间距

图 3-2-7 设置对齐方式

3. 设置对齐方式

在 Word 中，文本对齐的方式有 5 种：左对齐、居中对齐、右对齐、两端对齐和分散对齐。在"开始"选项卡"段落"组分别用 5 个按钮来标明它们的功能，如图 3-2-7 所示。

① 左对齐：段落所有行均向左对齐，右边可以不对齐。

② 居中对齐：使所选段落的文本居中排列，一般用于设置文档标题等。

③ 右对齐：将使所选文本右边对齐，左边可以不对齐，一般用于设置文档落款等。

④ 两端对齐：将所选段落（除末行外）的每行沿左、右两边对齐，Word 会自动调整字符间的距离。

⑤ 分散对齐：是通过调整字符间距使所选段落各行等宽（包括最后一行）。

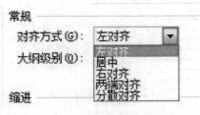

图 3-2-8 段落对齐方式

另外一种设置对齐方式的方法是：打开"段落"对话框，然后从该对话框中的"缩进和间距"选项卡"常规"区中"对齐方式"下拉列表中选择来完成。如图 3-2-8 所示。

3.2.3 设置项目符号和编号

项目符号是指放在文本前以强调效果的点或其他符号，编号是指放在文本前具有一定顺序的字符。在 Word 2010 中，可以使用系统提供的项目符号和编号，也可以自定义项目符号和编号。

1. 添加项目符号或编号

选中要添加项目符号的段落，然后在"开始"选项卡"段落"组中单击【项目符号】按钮，可以为指定的段落添加项目符号，如图 3-2-9 所示。

图 3-2-9　添加项目符号

图 3-2-10　添加编号

选中要添加项目符号的段落,然后在"开始"选项卡"段落"组中单击【编号】按钮,可以为指定的段落添加编号,如图 3-2-10 所示。

单击【项目符号】或【编号】按钮右侧的三角箭头,可以打开更多的项目符号或编号让用户进行选择。

2. 自定义项目符号或编号

在下拉列表中选择"定义新项目符号"命令,打开"定义新项目符号"对话框;选择"定义新编号格式"命令,打开"定义新编号格式"对话框,如图 3-2-11 所示,在其中可以自定义项目符号或编号。

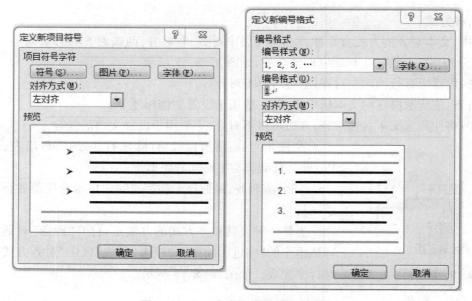

图 3-2-11　自定义项目符号和编号

3. 设置多级编号

对于类似于图书目录中的"1.1"、"1.1.1"等逐段缩进形式的段落编号,可单击"开始"选项卡"段落"组中的【多级列表】按钮来设置。其操作方法与设置单级项目符号和编号的方法基本一致,只是在输入段落内容时,需要按照相应的缩进格式进行输入。

3.2.4　特殊版式设计

在对文档进行排版时,为了制作具有特殊效果的文档,需要对文档进行特殊的版式设计,如"制表位"、"分栏"、"首字下沉"和"中文版式"等。

1. 设置制表位

制表位是用于控制文档在一行内实现多种对齐方式的工具。当按[Tab]键时,Word 在文档插入一个制表位,插入点及其右边的正文移动到下一个制表位之后,可以修改制表位的位置,还可以控制正文在制表位对齐的方式。

(1) 制表位的类型

制表位有 5 种类型,每种对齐正文的方式不同。

① 左对齐:正文的左边在制表位对齐,Word 的缺省制表位是左对齐的。

② 右对齐:正文的右边在制表位对齐。

③ 居中对齐:正文在制表位居中对齐。

④ 小数点对齐:小数点在制表位对齐,一般用于对齐数字栏。

⑤ 竖线:竖线制表位不执行制表位位置功能,它用于在文本的相应位置生成一条垂直实线。

(2) 添加制表位

① 默认制表位:默认制表位为两个字符。制表位显示在水平标尺上,通常情况下在这上面并不显示默认制表位的情况,用户只要按一下[Tab]键,就会自动前进两个字符。

② 定制制表位:

打开水平标尺。

用鼠标单击标尺左端的制表符,直到显示想要的制表位类型符号。

将鼠标指针放在标尺上制表位位置后单击,就会添加一个制表位,见图 3-2-12。对于位置不合适的制表位,用户可以用鼠标左右拖动制表位符号进行调整。对于多余的制表位,用户可以将其拖离标尺即可。

姓名	系别	英语	数学
张小红	学前教育	84	65.5
李四	音乐教育	100	70.555

图 3-2-12　添加制表位

(3) 设置制表位的前导符

前导符是指在制表位上的文字与前一个制表位之间的空白位置上添加的符号。设置制表位的前导符操作步骤如下。

① 双击水平标尺上的制表位符号,或者在"段落"对话框中的"缩进与间距"选项卡中单击【制表位】按钮,均可打开"制表位"对话框。

② 在"制表位位置"列表中选中需要设置前导符的制表位。

③ 在"前导符"区中设置适当的前导符。

④ 单击【设置】按钮。

⑤ 将需要前导符的制表位都设置了前导符后,单击【确定】按钮退出"制表位"对话框。

在"制表位"对话框除了可以设置前导符外,还可以增加或删除前导符。其效果与在水平标尺上操作相同。

2. 分栏排版

分栏排版是报纸、杂志中常用的排版格式。在"普通"视图方式下,只能显示单栏文本,如果要查看多栏文本,只能在"页面"视图或"打印预览"方式下。

把插入点放在要进行分栏的段落中,或者选定要进行分栏的文本,如果是文档最后一个段落,注意不要选中段落标记。然后按下面方法进行分栏操作。

① 使用【分栏】按钮简单分栏,如图 3-2-13 所示。

② 使用"分栏"对话框精确分栏,如图 3-2-14 所示。

图 3-2-13 【分栏】按钮

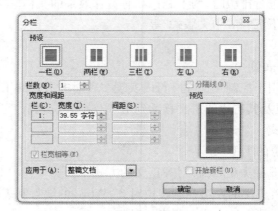

图 3-2-14 "分栏"对话框

3. 首字下沉

首字下沉是指段落形状的第一个字母或第一个汉字变为大号字,这样可以突出段落,更能引起读者的注意。在报纸和书刊上经常看到采用这种格式。

① 把插入点定位于需要设置首字下沉的段落中。如果是段落前几个字符都需要设置首字下沉效果,则需要把这几个字符选中。

② 在功能区中单击"插入"选项卡"文本"组中的【首字下沉】按钮,打开一个如图 3-2-15 所示的下拉菜单。

③ 首字下沉有两种格式:一种是直接下沉,另一种是悬挂下沉,在下拉菜单中根据需要选择其中一种适当的格式。

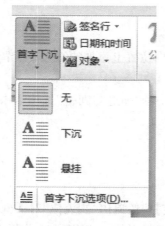

图 3-2-15 "首字下沉"下拉菜单

图 3-2-16 "首字下沉"对话框

如果要设置更多的样式,可以在"首字下沉"下拉菜单中单击"首字下沉选项"命令,打开"首字下沉"对话框,如图 3-2-16 所示。

在"位置"区中选择一种下沉方式,在"字体"下拉列表设置下沉首字的字体,单击"下沉行数"微调框,设置下沉的行数(行数越大则字号越大),单击"距正文"微调框设置下沉的文字与正文之间的距离,最后单击【确定】按钮,即可得到自己想要的格式。

如果要取消首字下沉，可以在"首字下沉"对话框"位置"区中选择"无"即可。

4．为汉字添加拼音

如果要给汉字添加拼音，可以利用 Word 2010 提供的"拼音指南"功能。具体操作步骤如下。

① 选定要添加拼音的文本。

② 切换到功能区中的"开始"选项卡，在"字体"选项组中单击【拼音指南】按钮，出现如图 3－2－17 所示的"拼音指南"对话框。

图 3－2－17　"拼音指南"对话框

③ 在"基准文字"框中显示了选定的文字，在"拼音文字"框中列出了对应的拼音。同时，还可以根据需要选择"对齐方式"、"字体"和"字号"。

④ 单击【确定】按钮后所选文本上方就添加了拼音，效果如图 3－2－18 所示。

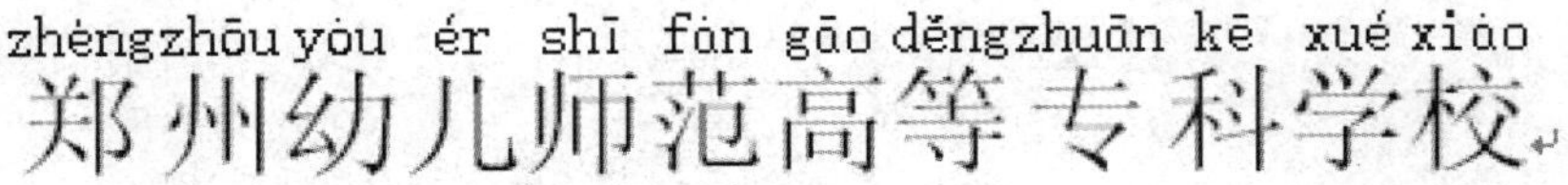

郑州幼儿师范高等专科学校

图 3－2－18　为文字添加拼音

5．设置带圈字符

如果要为某个字符添加圆圈或者菱形，可以使用"带圈字符"功能。具体操作步骤如下。

① 切换到功能区中的"开始"选项卡，在"字体"选项组中单击【带圈字符】按钮 字，出现如图 3－2－19 所示的"带圈字符"对话框。

② 在"样式"框中选择"缩小文字"或"增大圈号"选项。

③ 在"文字"框中键入要带圈的字符，在"圈号"框中选择圈号的形状。

④ 单击【确定】按钮，即可给输入的字符添加圈号。图 3－2－20 所示为设置带圈字符后的效果。

图 3－2－19　"带圈字符"对话框

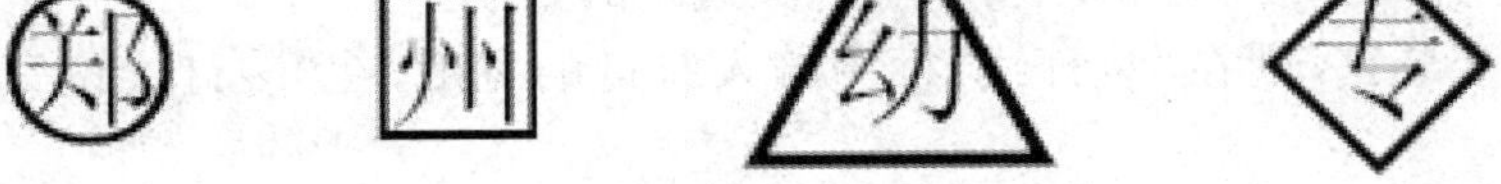

图 3－2－20　设置带圈字符

3.2.5 页面设置

在实际使用时,一般都会要求将文档打印输出到纸张上,这就要求用户具备一定的排版能力,并且熟悉一些打印操作。

1. 设置纸张大小与纸张方向

在进行其他页面设置前,首先需要确定将来要打印输出所用的纸张大小和方向,这是最基本的问题。纸张大小是指用于打印文档的纸张幅面,平时打印个人简历或公司文档一般都用 A4 纸,也有用 B5 张,还有诸如 A3、B4 等很多纸张大小规格。纸张方向一般分为横向和纵向两种。通常打印出的文档一般要求纸张是纵向的,也有时用横向纸张,例如一个很宽的表格,采用横向打印可以确保表格的所有列完全显示。设置纸张大小和方向的具体操作步骤如下。

① 打开文档,切换到功能区中的"页面布局"选项卡,在"页面设置"选项组中单击【纸张大小】按钮右侧的向下箭头,在下拉菜单中选择默认的纸张大小。

② 如果要自定义特殊的纸张大小,可以选择"纸张大小"下拉菜单中的"其他页面大小"命令,在打开的"页面设置"对话框中单击"纸张"选项卡,设置所需的纸张大小,如图 3-2-21 所示。

图 3-2-21 "纸张"选项卡

③ 如果要设置纸张方向,可以在"页面布局"选项卡的"页面设置"选项组单击【纸张方向】按钮,然后选择"纵向"或"横向"命令。

2. 设置页边距

页边距是指版芯到页边界的距离,又叫"页边空白"。为文档设置合适的页边距,可使文档外观显得更加清爽,让人赏心悦目。设置页边距的具体操作步骤如下。

① 切换到功能区中的"页面布局"选项卡,在"页面设置"选项组中单击【页边距】按钮右侧的向下箭头,从下拉菜单中选择一种边距大小。如果要自定义边距,可以单击"页边距"下拉菜单中的"自定义边距"命令,在打开的"页面设置"对话框中单击"页边距"选项卡,如图 3-2-22 所示。

② 在"上"、"下"、"左"与"右"文本框,分别输入页边距的数值。

③ 如果打印后需要装订,则在"装订线"框中输入装订的宽度,在"装订线位置"下拉列表框中选择"左"或"上"。

④ 选择"纵向"或"横向"选项,决定文档页面的方向。在"应用于"列表框中选择要应用新页边距设置

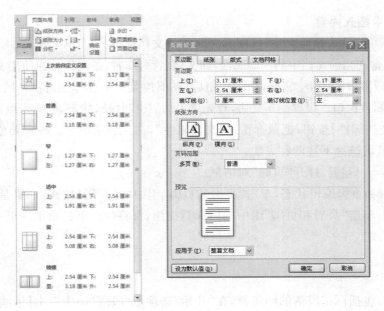

图 3-2-22　"页边距"选项卡

的文档范围。

⑤ 单击【确定】按钮。

3.2.6　设置页眉与页脚

页眉是指位于打印纸顶部的说明信息,页脚是指位于打印纸底部的说明信息。页眉和页脚的内容可以是页号,也允许输入其他信息。

1. 创建页眉和页脚

在功能区选择"插入"选项卡,在"页眉和页脚"组中单击【页眉】按钮,弹出如图 3-2-23 所示的下拉菜单,用户在 Word 提供的"空白"、"空白三栏"、"边线型"、"传统型"等 24 种样式中根据自己的需要选择一种页眉即可。插入页脚的操作类似。

2. 编辑页眉和页脚

在插入页眉和页脚之后,Word 会自动进入页眉和页脚编辑状态,此时功能区会增加"页眉和页脚工具/设计"选项卡,如图 3-2-24 所示。

对于已有的页眉和页脚,如果要再次进行编辑,可以下拉菜单中选择"编辑页眉"或"编辑页脚"命令,或者直接双击页眉或页脚,都可以使 Word 处于页眉和页脚编辑状态。

图 3-2-23　创建页眉

图 3-2-24　"页眉和页脚工具/设计"选项卡

插入页眉和页脚之后,Word 会自动进入页眉和页脚编辑状态,此时功能区会增加"页眉和页脚工具/设计"选项卡。通过这些按钮,用户可以制作出完美的页眉和页脚。

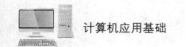

3. 在页眉、页脚中插入内容

在页眉和页脚中可以插入普通文字、日期和时间以及文档部件。

文档部件是指包含在当前文档中的一些属性,如文档名称、作者、备注等。在使用文档属性前,可以先对文档属性进行设置。设置方法如下:单击 office 按钮后,在下拉菜单中选择"准备"|"属性"命令,则会在功能区下方打开一个文档属性窗口。设置完毕之后,首先进入页眉也叫编辑状态,把插入点置于合适的位置,然后单击"插入"组中的【文档部件】按钮,把鼠标指向"文档属性",在二级菜单中选择需要添加的属性即可。

以插入页码为例,可选择下述两种方法。

① 按[Alt]+[I]+[U]键,打开"页码"对话框。

② 如果是在页眉和页脚编辑状态,单击"页眉和页脚"组中的【页码】按钮;如果是在正文编辑状态,单击"插入"选项卡,然后单击"页眉和页脚"组中的【页码】按钮,都将弹出下拉菜单。更多格式的页码设置即可在此下拉菜单中完成。

4. 页眉分隔线

将整个段落选中,包括标记段落的回车符,在"开始"选项卡"段落"组中单击【框线】按钮,并选择"无框线"命令。当然,在"边框和底纹"对话框中使用无框线命令也可删除页眉线,其效果是一样的。既然能用无框线的方法消除页眉线,在需要的时候也可以设置框线及底纹。

课堂练习:美化求职信

求职信的内容输入完成后,需要通过对求职信的编辑和排版,使求职信更加规范、美观。

本实例将介绍如何设置美化求职信,在制作过程中主要包括以下内容:

① 页面设置;

② 设置字体与字号;

③ 设置段落格式;

④ 添加项目符号和编号;

⑤ 添加边框和底纹;

⑥ 设置首字下沉;

⑦ 设置分栏。

3.3 表格的制作与编辑

在 Word 中,通过在文档中制作表格,可以将数据组织得井井有条。Word 2010 提供了强大的表格制作与编辑功能。

3.3.1 创建表格

在 Word 2010 中,表格是由行和列的单元格组成的,可以在单元格中输入文字或插入图片,使文档内容变得更加直观和形象,增强文档的可读性。

1. 新建空白表格

(1)通过功能区快速新建表格

在功能区选择"插入"选项卡,单击"表格"组中【表格】按钮,弹出一个下拉菜单。该下拉菜单的上方是一个由 8 行 10 列方格组成的虚拟表格,用户只要将鼠标在虚拟表格中移动,虚拟表格会以不同的颜色显示,同时会在页面中模拟出此表格的样式,如图 3-3-1 所示。用户根据需要在虚拟表格中单击就可以选定表格的行列值,即在页面中创建了一个空白表格。

图 3-3-1　通过功能区快
速新建表格

图 3-3-2　"插入表格"对话框

(2) 通过"插入表格"对话框新建表格

在"插入"选项卡"表格"组中单击【表格】按钮,在弹出的下拉菜单中单击"插入表格"命令,打开"插入表格"对话框,如图 3-3-2 所示。在"列数"和"行数"框设置或输入表格的列和行的数目。最大行数为 32 767,最大列数为 63。单击【确定】按钮即可创建出一张指定行和列的空白表格。

(3) 手绘表格

在"插入"选项卡"表格"组中单击【表格】按钮,在弹出的下拉菜单中单击"绘制表格"命令,鼠标会变成笔的形状,在页面上表格的起始位置按住鼠标左键并拖动,会在页面用笔划出一个虚线框,松开鼠标即可得到一个表格的外框。绘制外框后,在中间可以根据需要绘制出横纵的表线。

(4) 使用快速表格功能(即使用内置表格)

在"插入"选项卡"表格"组中单击【表格】按钮,在弹出的下拉菜单中用鼠标指向"快速表格",弹出二级下拉菜单,从中选择需要的表格类型。如图 3-3-3 所示。

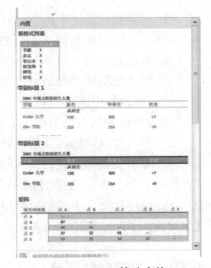

图 3-3-3　快速表格

2. 在表格中输入文本

在表格中输入文本与在表格外的文档中输入文本一样,首先将插入点移到要输入文本的单元格中,然后输入文本。如果输入的文本超过了单元格的宽度时,则会自动换行并增大行高。如果要在单元格中开始一个新段落,可以按回车键,该行的高度也会相应增大。

如果要移到下一个单元格中输入文本,可以用鼠标单击该单元格,或者按[Tab]键或向右箭头键移动插入点,然后输入相应的文本。

3.3.2　编辑表格

刚创建的表格,往往离实际的表格仍有一定的差距,还要进行适当的编辑,如合并单元格、拆分单元

格、插入或删除行、插入或删除列、插入或删除单元格等。

1. 选定表格操作对象

① 选定单元格：光标置于单元格左侧线上使变为斜上黑色小箭头，单击。

② 选定行：光标置于表格某行的左侧线外使变为空心箭头，单击。拖动可选几行。

③ 选定列：光标置于表格某列的顶线上方使变为向下黑色小箭头，单击。拖动可选几列。

④ 选定任意区域：鼠标拖动。

⑤ 选定整个表格：单击表格左上角十字箭头。

2. 在表格中插入和删除行和列

由于很多时候在创建表格初期并不能准确估计表格的行列用量，因此在编辑表格数据的过程中会出现表格行列数量不够用或在数据输入完后有剩余的现象，这时通过添加或删除行和列即可很好地解决。

（1）在表格中插入行和列

在表格中插入行和列的方法有以下 4 种。

① 单击表格中的某个单元格，切换到功能区中的"布局"选项卡，在"行和列"选项组中单击【在上方插入】按钮 或【在下方插入】按钮 ，可在当前单元格的上方或下方插入一行。同理，要插入列可单击【在左侧插入】按钮 或【在右侧插入】按钮 。该操作也可以通过右键快捷菜单中的"插入"命令的子命令来完成。

② 切换到功能区中的"布局"选项卡，在"行和列"选项组中单击【对话框启动器】按钮，打开"插入单元格"对话框，选中【整行插入】和【整列插入】单选按钮，也可以插入一行或一列。

③ 单击表格右下角单元格的内部，按[Tab]键将在表格的下方添加一行。

④ 将光标定位到表格右下角单元格的外侧，按[Enter]键可以在表格下方添加一行。

（2）在表格中删除行和列

删除行和列的方法有以下 3 种。

① 右击要删除的行或列，然后在弹出的菜单中选择"删除行"或"删除列"命令，可删除该行或列。

② 单击要删除行或列包含的一个单元格，切换到功能区中的"布局"选项卡，在"行和列"选项组中单击【删除】按钮，然后选择"删除行"或"删除列"命令。

③ 通过功能区中的删除菜单选择"删除单元格"命令，打开"删除单元格"对话框，选中【删除整行】或【删除整列】单选按钮可删除相应的行或列。

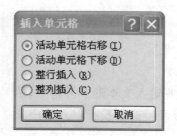

图 3 - 3 - 4　"插入单元格"
对话框

3. 在表格中插入或删除单元格

用户可以根据需要，在表格中插入与删除单元格。具体操作步骤如下。

① 在要插入新单元格位置的右边或上边选定一个或几个单元格，所选单元格的数目与要插入的单元格数目相同。

② 切换到功能区中的"布局"选项卡，在"行和列"选项组中单击【对话框启动器】按钮，打开如图 3 - 3 - 4 所示的"插入单元格"对话框，选中"活动单元格右移"按选按钮。

③ 单击【确定】按钮即可。

4. 合并与拆分单元格

在编辑表格时，经常需要根据实际情况对表格进行一些特殊的编辑操作，如合并单元格、拆分单元格和拆分表格等。

（1）合并单元格

在 Word 2010 中，合并单元格是指将矩形区域的多个单元格合并成一个较大的单元格。

选定准备合并的单元格，切换到功能区中的"布局"选项卡，在"合并"选项组中选择【合并单元格】按钮，将合并这几个单元格，如图 3-3-5 所示。

（2）拆分单元格

在 Word 2010 中，拆分单元格是指将一个单元格拆分为几个较小的单元格。具体操作步骤如下。

① 选定准备拆分的单元格。

② 切换到功能区中的"布局"选项卡，在"合并"选项组中选择【拆分单元格】按钮，打开"拆分单元格"对话框。

③ 在"列数"与"行数"文本框中分别输入每个单元格要拆分成的列数与行数。如果选定了多个单元格，可以选中"拆分前合并单元格"复选框，则在拆分前把选定的单元格合并。

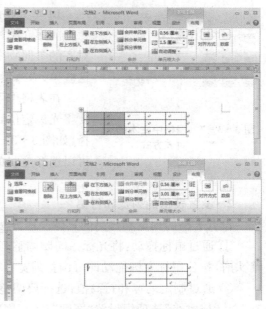

图 3-3-5　合并单元格

④ 单击【确定】按钮，即可将单元格拆分为指定的列数和行数，如图 3-3-6 所示。

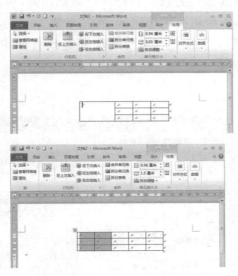

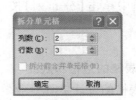

图 3-3-6　拆分单元格

（3）拆分表格

Word 允许用户把一个表格拆分成两个表格或多个表格，然后在表格之间插入普通文本。具体操作步骤如下。

① 将插入点置于要分开的行分界处，也就是要成为拆分后第二个表格的第一行处。

② 切换到功能区中的"布局"选项卡，在"合并"选项组中选择【拆分表格】按钮，或者按［Ctrl］＋［Shift］＋［Enter］键。这时，插入点所在行以下的部分就从原表格中分离出来，变成一个独立的表格。

3.3.3　设置表格格式

表格制作完成后，还需要对表格进行各种格式的修饰，从而生成更漂亮、更具专业性的表格。表格的修饰与文字修饰基本相同，只是操作对象的选择方法不同而已。

图3-3-7 表格中文本的
对齐方式

1. 单元格的对齐方式

前面介绍过文字的水平对齐方式,相关操作在表格中仍然适用。但是,对齐的参照物变为单元格。例如,要使单元格内的文字水平居中,可以选定这些单元格,然后单击【居中】按钮即可。

在表格中不但可以水平对齐文字,而且增加了垂直方向的对齐操作。只要将光标定位到表格中,就可以通过"布局"选项卡"对齐方式"选项组进行选择,如图3-3-7所示。如果要设置多个单元格或整个表格的文本对齐方式,可以选择这些单元格或整个表格,然后设置对齐方式。

2. 设置表格的列宽和行高

设置表格的列宽和行高的具体操作方法有以下几种。

① 通过鼠标拖动:将光标指向要调整列的列边框和行的行边框,当光标形状变为上下或左右的双向箭头时,按住鼠标左键拖动即可调整列宽和行高。

② 通过制定列宽和行高值:选择要调整列宽的列或行高的行,然后切换到功能区中的"布局"选项卡,在"单元格大小"选项组设置"宽度"和"高度"的值,按[Enter]键即可调整列宽和行高。

③ 通过Word自动调整功能:切换到功能区中的"布局"选项卡,在"单元格大小"选项组中单击【自动调整】按钮,从弹出的菜单中选择所需的命令即可。

④ 如果要调整多列宽度和多行高度,而且希望这些列的列宽和行的行高都相同,可以使用"分布列"和"分布行"功能,先选择要调整的多列和多行,然后切换到功能区中的"布局"选项卡,在"单元格大小"选项组中单击【分布列】按钮或【分布行】按钮,将选中的多列平均列宽或将选中的多行平均行高。

3. 设置表格的边框和底纹

为了使表格的设计更具专业效果,Word提供了设置表格边框和底纹的功能。

(1) 设置表格边框

① 选定整个表格,切换到功能区中的"设计"选项卡,然后单击"表格样式"选项组中的【边框】按钮,从"边框"下拉菜单中选择"边框和底纹"命令,打开如图3-3-8所示的"边框和底纹"对话框。

② 在"边框"选项卡中,可以在"应用于"下拉列表中先设置好边框的应用范围,然后在"设置"、"样式"、"颜色"和"宽度"中设置表格边框的外观。

(2) 设置表格底纹

为了区分表格标题与表格正文,使其外观醒目,经常会给表格标题添加底纹,具体操作如下:

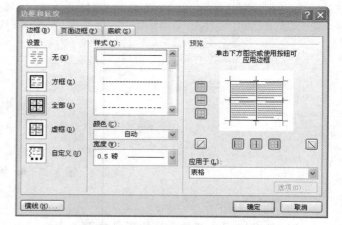

图3-3-8 "边框和底纹"对话框

选择要添加底纹的单元格,切换到功能区中的"设计"选项卡,然后单击"表格样式"选项组中的【底纹】按钮右侧的向下箭头,从弹出的颜色菜单中选择所需的颜色。当鼠标指向某种颜色后,可在单元格中立即预览效果。如图3-3-9所示。

4. 表格的快速样式

无论是新建的空表,还是已经输入数据的表格,都可以使用表格的快速样式来设置表格的格式,例如将阴影、边框、底纹和其他有趣的格式元素应用于表格。具体操作步骤如下。

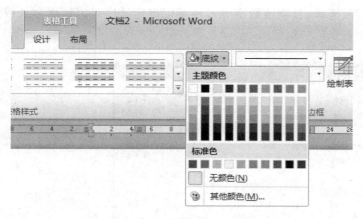

图 3-3-9   为表格添加底纹

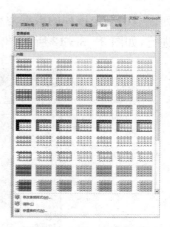

图 3-3-10   表格样式

① 将插入点置于要排版的表格中。

② 切换到功能区中的"设计"选项卡,在"表格样式"选项组中选择一种样式,即可在文档中实际预览此样式的排版效果,如图 3-3-10 所示。

③ 在"设计"的"快速样式选项"选项组中包含 6 个复选框:"标题行"、"第一列"、"汇总行"、"最后一行"、"镶边行"和"镶边列",这些选项让用户决定将特殊样式应用到哪些区域。

3.3.4   表格的数据操作

虽然 Word 没有 Excel 那么强大的对数据进行分析和处理的能力,但也可以完成普通的数据管理操作,包括对表格中的数据进行排序以及计算统计数据等功能。

1. 表格数据的排序

Word 提供对表格中数据排序的功能,用户可以根据拼音、笔画、日期或数字等对表格内容以升序或降序进行列的排列。例如,要对表格中的"Word 排版"按升序排列,具体操作步骤如下。

① 将插入点置于要进行排序的表格中,切换到功能区"布局"选项卡,单击"数据"选项组中的【排序】按钮,如图 3-3-11 所示。

② 出现"排序"对话框,在"主要关键字"下拉列表框中选择作为第一个排序依据的列名称,在"类型"

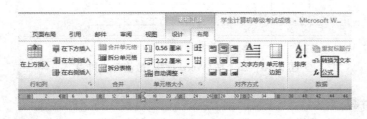

姓名	Windows	文字录入	Word排版	数据库	总分	平均分
王芳	98	100	88	78		
李小文	100	95	96	69		
李霞	82	86	83	72		
胡滨	84	89	90	81		
李刚	91	93	86	74		
张三	96	78	89	96		
赵小强	89	85	75	78		
张宇民	89	78	72	93		

图 3-3-11   单击【排序】按钮

下拉列表框中制定该列的数据类型（如拼音、笔画、日期或数字等），还可以确定排序是以递增方式或递减方式进行，如图 3-3-12 所示。

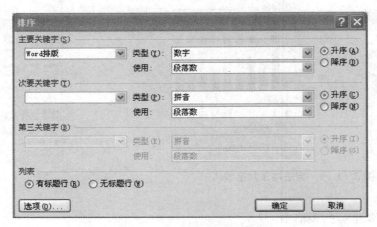

图 3-3-12 "排序"对话框

③ 如果要以多列的数据作为排序依据，可以在"次要关键字"选项组中选择作为排序依据的列名称，对于特别复杂的表格，还可以在"第三关键字"选项组中选择作为排序依据的列名称。

④ 如果表格有标题行，则在"列表"选项组内选中【有标题行】单选按钮，使标题行不参加排序。

⑤ 单击【确定】按钮。图 3-3-13 就是按"Word 排版"数值升序排序。

姓名	Windows	文字录入	Word排版	数据库	总分	平均分
张宇民	89	78	72	93		
赵小强	89	85	75	78		
李霞	82	86	83	72		
李刚	91	93	86	74		
王芳	98	100	88	78		
张三	96	78	89	96		
胡滨	84	89	90	81		
李小文	100	95	96	69		

图 3-3-13 按"Word 排版"数值升序排序

2. 表格中的公式计算

Word 2010 的表格功能中提供了一些简单的计算功能，如加、减、乘、除与求平均值等。这些功能虽然比较简单，但是在实际工作中可以为用户带来很大的方便。

① 打开 Word 2010 文档窗口，在准备参与数据计算的表格中单击计算结果单元格。在"表格工具"功能区的"布局"选项卡中，单击"数据"分组中的【公式】按钮。

② 在打开的"公式"对话框中，"公式"编辑框中会根绝表格中的数据和当前单元格所在位置自动推荐一个公式，例如"＝SUM(LEFT)"是指计算当前单元格左侧单元格的数据之和。用户可以单击【粘贴函数】下拉三角按钮选择合适的函数，例如平均数函数 AVERAGE、计数函数 COUNT 等。其中公式中括号内的参数包括 4 个，分别是左侧(LEFT)、右侧(RIGHT)、上面(ABOVE)和下面(BELOW)。完成公式的

编辑后单击【确定】按钮即可得到计算结果，如图 3-3-14 所示。

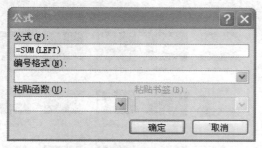

图 3-3-14　编辑函数公式　　　　　　　图 3-3-15　编辑运算公式

提示：用户还可以在"公式"对话框中的"公式"编辑框中编辑包含加、减、乘、除运算符号的公式，如编辑公式"＝5＊6"并单击【确定】按钮，则可以在当前单元格返回计算结果 30，如图 3-3-15 所示。

课堂练习：制作简历表

本节已经介绍了创建表格、编辑表格、合并与拆分表格以及设置表格格式等操作方法和技巧，本实例将通过制作简历表来进一步提高制作表格的实际应用能力。

在制作过程中主要包括以下内容：

① 快速插入表格；

② 利用合并单元格调整表格的结构；

③ 输入并设置表格的文字格式；

④ 为表格添加边框和底纹。

3.4　图　文　混　排

Word 不但擅长处理普通文本内容，还擅长编辑带有图形对象的文档及图文混排。用户可以使用 Word 设计并制作图文并茂、内容丰富的文档。

3.4.1　使用图片美化文档

1. 插入图片

Word 2010 内部提供了剪辑库，其中包含 Web 元素、背景、标志、地点和符号等，可以直接插入到文档中。如果对图片有更高的要求，可以选择插入计算机中保存的图片文件。

在文档中插入剪贴画的具体操作步骤如下。

① 将插入点置于要插入剪贴画的位置，切换到功能区中的"插入"选项卡，在"插图"选项组中单击【剪贴画】按钮，弹出"剪贴画"任务窗格。

② 在任务窗格的"搜索文字"框中输入剪贴画的关键字，若不输入任何关键字，则 Word 会搜索所有的剪贴画。在"搜索范围"框中选择要进行搜索的文件夹。在"结果类型"框中设置搜索目标的类型。

③ 单击【搜索】按钮进行搜索，搜索的结果将显示在任务窗格的"结果"区中。

④ 单击所需的剪贴画，即可将剪贴画插入到文档中，如图 3-4-1 所示。

图 3-4-1　插入剪贴画

图 3-4-2　"插入图片"对话框

在文档中插入计算机中保存的图片也很简单,将插入点置于要插入图片的位置,切换到功能区中的"插入"选项卡,在"插图"选项组中单击【插入图片】按钮,打开"插入图片"对话框。选择要插入的图片文件,然后单击【插入】按钮,即可将图片插入到文档中,如图 3-4-2 所示。

2. 调整图片的大小和角度

在文档中插入图片后,用户可以通过 Word 提供的缩放功能来控制其大小,还可以旋转图片。具体操作步骤如下。

① 单击要缩放的图片,使其周围出现 8 个句柄。

② 如果要横向或纵向缩放图片,则将鼠标指针指向图片四边的任意一个句柄上;如果要沿着对角线缩放图片,则将鼠标指向图片四角的任何一个句柄上。

③ 按住鼠标左键,沿缩放方向拖动鼠标,如图 3-4-3 所示。

图 3-4-3　调整图片大小

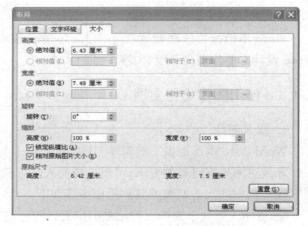

图 3-4-4　图片"布局"对话框

④ 用鼠标拖动图片上方的绿色旋转按钮,可以任意旋转图片。

如果要精确设置图片或图形的大小和角度,可以单击文档中的图片,然后切换到功能区中的"格式"选项卡,在"大小"选项组中的"形状高度"和"形状宽度"文本框中设置图片的高度和宽度。还可以单击"大小"选项组右下角的对话框启动器,打开如图 3-4-4 所示的"布局"对话框,在"高度"和"宽度"框中可以设置图片的高度、宽度,以及在"旋转"框中输入旋转角度,在"缩放"选项组的"高度"和"宽度"框中按百分比来设置图片大小。

3．调整图片色调与光线

如果感觉插入的图片亮度、对比度、清晰度没有达到自己的要求，可以单击【更正】按钮，如图 3-4-5 所示，在弹出的效果缩略图中选择自己需要的效果，调节图片的亮度、对比度和清晰度。

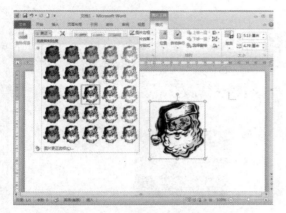

图 3-4-5　调整图片亮度、对比度

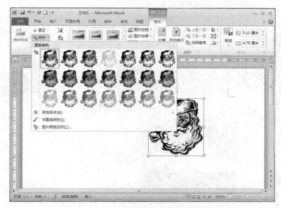

图 3-4-6　调整图片颜色

如果图片的色彩饱和度、色调不符合自己的意愿，可以单击【颜色】按钮，在弹出的效果缩略图中选择自己需要的效果，如图 3-4-6 所示，调节图片的色彩饱和度、色调，或者为图片重新着色。

如果要为图片添加特殊效果，可以单击【艺术效果】按钮，在弹出的效果缩略图中选择一种艺术效果，为图片加上特效，如图 3-4-7 所示。

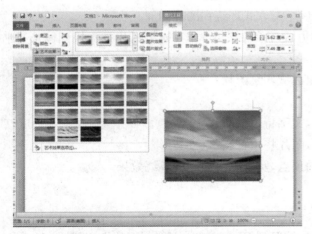

图 3-4-7　为图片添加艺术效果

图 3-4-8　"图片更正"对话框

当然，也可以在图片上单击鼠标右键，在弹出菜单中选择"设置图片格式"，打开"设置图片格式"窗口，在"图片更正"选项卡中设置柔化、锐化、亮度、对比度，在"图片颜色"选项卡中设置图片颜色饱和度、色调，或者对图片重新着色，在"艺术效果"选项卡中为图片添加艺术效果，如图 3-4-8 所示。

4．设置图片的文字环绕效果

默认情况下，插入到 Word 2010 文档中的图片作为字符插入到 Word 2010 文档中，其位置随着其他字符的改变而改变，用户不能自由移动图片。而通过为图片设置文字环绕方式，则可以自由移动图片的位置，操作步骤如下。

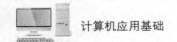

① 选中需要设置文字环绕的图片。

② 在打开的"图片工具"功能区的"格式"选项卡中,单击"排列"分组中的【位置】按钮,则在打开的预设位置列表中选择合适的文字环绕方式。这些文字环绕方式包括"顶端居左,四周型文字环绕"、"顶端居中,四周型文字环绕"、"中间居左,四周型文字环绕"、"中间居中,四周型文字环绕"、"中间居右,四周型文字环绕"、"底端居左,四周型文字环绕"、"底端居中,四周型文字环绕"、"底端居右,四周型文字环绕"共9种方式,如图3-4-9所示。

图3-4-9 选择文字环绕方式

图3-4-10 更丰富的文字环绕方式

如果用户希望在 Word 2010 文档中设置更丰富的文字环绕方式,可以在"排列"分组中单击【自动换行】按钮,在打开的菜单中选择合适的文字环绕方式即可,如图3-4-10所示。

Word 2010"自动换行"菜单中每种文字环绕方式的含义如下所述:

① 四周型环绕:不管图片是否为矩形图片,文字以矩形方式环绕在图片四周。

② 紧密型环绕:如果图片是矩形,则文字以矩形方式环绕在图片周围;如果图片是不规则图形,则文字将紧密环绕在图片四周。

③ 穿越型环绕:文字可以穿越不规则图片的空白区域环绕图片。

④ 上下型环绕:文字环绕在图片上方和下方。

⑤ 衬于文字下方:图片在下、文字在上分为两层,文字将覆盖图片。

⑥ 浮于文字上方:图片在上、文字在下分为两层,图片将覆盖文字。

⑦ 编辑环绕顶点:用户可以编辑文字环绕区域的顶点,实现更个性化的环绕效果。

3.4.2 使用文本框

通过使用文本框,用户可以将 Word 文本很方便地放置到 Word 2010 文档页面的指定位置,而不必受到段落格式、页面设置等因素的影响。使用文本框还可以对文档的局部内容进行竖排、添加底纹等特殊形式的排版。

1. 插入文本框

在 Word 2010 文档中插入文本框的步骤如下。

① 打开 Word 2010 文档窗口,切换到"插入"功能区。在"文本"分组中单击【文本框】按钮。

② 在打开的内置文本框面板中选择合适的文本框类型,如图3-4-11所示。

③ 返回 Word 2010 文档窗口,所插入的文本框处于编辑状态,直接输入用户的文本内容即可,如图3-4-12所示。

图 3 - 4 - 11　选择内置文本框

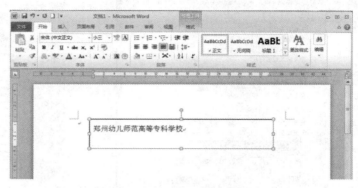

图 3 - 4 - 12　输入文本框内容

2. 设置文本框的边框

用户可以根据实际需要为文本框设置边框样式,或设置为无边框,操作步骤如下。

① 单击选中文本框。切换到"格式"功能区,单击"形状样式"分组中的【形状轮廓】按钮。

② 打开形状轮廓面板,在"主题颜色"和"标准色"区域可以设置文本框的边框颜色;选择"无轮廓"命令可以取消文本框的边框;将鼠标指向"粗细"选项,在打开的下一级菜单中可以选择文本框的边框宽度;将鼠标指向"虚线"选项,在打开的下一级菜单中可以选择文本框虚线边框形状,如图 3 - 4 - 13 所示。

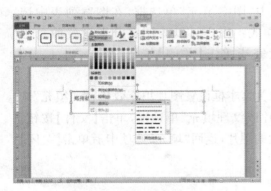

图 3 - 4 - 13　设置文本框的边框

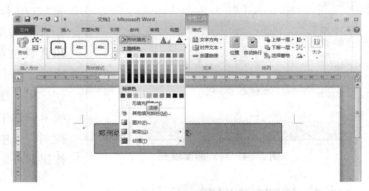

图 3 - 4 - 14　选择文本框填充颜色

3. 设置文本框内部填充效果

在 Word 2010 文档中,用户可以根据文档需要为文本框设置纯颜色填充、渐变颜色填充、图片填充或纹理填充,使文本框更具表现力。

设置文本框填充效果的步骤如下。

① 单击文本框并切换到"绘图工具/格式"功能区,单击"形状样式"分组中的【形状填充】按钮。

② 打开形状填充面板,在"主题颜色"和"标准色"区域可以设置文本框的填充颜色。单击【其他填充颜色】按钮可以在打开的"颜色"对话框中选择更多的填充颜色,如图 3 - 4 - 14 所示。

如果希望为文本框填充渐变颜色,可以在形状填充面板中将鼠标指向"渐变"选项,并在打开的下一级菜单中选择"其他渐变"命令。

打开"设置形状格式"对话框,并自动切换到"填充"选项卡。选中"渐变填充"单选框,用户可以选择预设颜色、渐变类型、渐变方向和渐变角度,并且用户还可以自定义渐变颜色。设置完毕单击【关闭】按钮即可,如图 3-4-15 所示。

图 3-4-15 填充选项卡

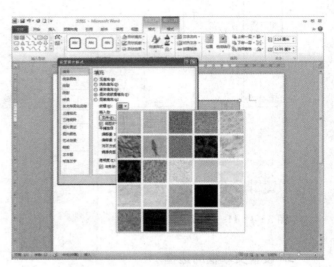

图 3-4-16 纹理填充

图 3-4-17 图案填充

如果用户希望为文本框设置纹理填充,可以在"填充"选项卡中选中"图片或纹理填充"单选框。然后单击【纹理】下拉三角按钮,在纹理列表中选择合适的纹理,如图 3-4-16 所示。

如果用户希望为文本框设置图案填充,可以在"填充"选项卡中选中"图案填充"单选框,在图案列表中选择合适的图案样式。用户可以为图案分别设置前景色和背景色,设置完毕单击【关闭】按钮,如图 3-4-17 所示。

用户还可以为文本框设置图片填充效果,在"填充"选项卡中选中"图片或纹理填充"单选框,单击【文件】按钮。找到并选中合适的图片,返回"填充"选项卡后单击【关闭】按钮即可。

3.4.3 绘制自选图形

Word 2010 中的自选图形是指用户自行绘制的线条和形状,用户还可以直接使用 Word 2010 提供的线条、箭头、流程图、星星等形状组合成更加复杂的形状。

在 Word 2010 中绘制自选图形的步骤如下。

① 打开 Word 2010 文档窗口,切换到"插入"功能区。在"插图"分组中单击【形状】按钮,并在打开的形状面板中单击需要绘制的形状,如图 3-4-18 所示。

② 将鼠标指针移动到页面位置,按下左键拖动鼠标即可绘制椭圆形。如果在释放鼠标左键以前按下[Shift]键,则可以成比例绘制形状;如果按住[Ctrl]键,则可以在两个相反方向同时改变形状大小。将图形大小调整至合适大小后,释放鼠标左键完成自选图形的绘制,如图 3-4-19 所示。

图 3－4－18　选择需要绘制的形状

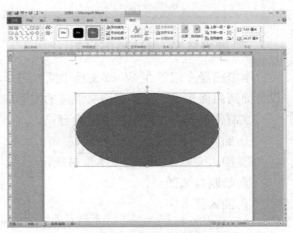

图 3－4－19　绘制自选图形

3.4.4　插入 SmartArt 图形

借助 Word 2010 提供的 SmartArt 功能,用户可以在 Word 2010 文档中插入丰富多彩、表现力丰富的 SmartArt 示意图,操作步骤如下。

① 打开 Word 2010 文档窗口,切换到"插入"功能区。在"插图"分组中单击【SmartArt】按钮。

② 在打开的"选择 SmartArt 图形"对话框中,单击左侧的类别名称选择合适的类别,然后在对话框右侧单击选择需要的 SmartArt 图形,并单击【确定】按钮,如图 3－4－20 所示。

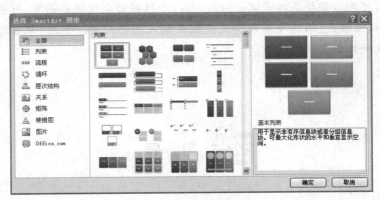

图 3－4－20　"选择 SmartArt 图形"对话框

③ 返回 Word 2010 文档窗口,在插入的 SmartArt 图形中单击文本占位符输入合适的文字即可,如图 3－4－21 所示。

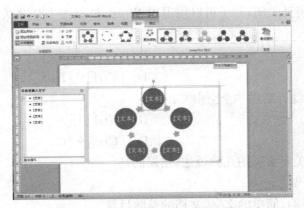

图 3－4－21　在 SmartArt 图形中输入文字

课堂练习：设计简历封面

本节已经介绍了在 Word 文档中插入图片、文本框、自选图形的操作方法和技巧，本实例将通过设计简历封面来进一步提高图文混排的实际应用能力。

在制作过程中主要包括以下内容：

① 插入图片并设置图片格式；

② 插入文本框并设置文本框格式；

③ 绘制自选图形；

④ 插入艺术字。

本 章 小 结

Word 是一款优秀的文字处理软件，可以制作各种类型的文档，可以在文档中插入图片进行美化，也可以将数据以表格和图表的形式呈现在文档中。根据文档要求的不同，其制作流程中会有一些变化，但仍可以总结出一个通用的 Word 文档制作流程：

新建文档→页面设置→输入文档内容→对文档内容进行格式化→利用图形对象美化文档→对文档进行自动化设置与处理→设置打印选项并将文档打印到纸张上。

在整个流程中，可能不需要某些步骤。例如，对一个很短的会议通知而言，可能只需要输入文本，设置文本的字体和段落格式，不需要利用样式排版或插入图形对象。总之，只要掌握 Word 知识，再加以灵活应用，就能制作出美观的文档。

习 题

一、选择题

1. 中文 Word 是_____。

    A. 字处理软件   B. 系统软件   C. 硬件   D. 操作系统

2. 在编辑完文档后，需要将其关闭，除了可以用退出 Word 2010 的方法来关闭文档外，还可以通过选择"文件/关闭"命令或按_____键来关闭文档。

    A. [Ctrl]+[F4]   B. [Ctrl]+[F2]

    C. [Ctrl]+[F3]   D. [Ctrl]+[F1]

3. 在 Word 中按_____键可新建一个空白文档。

    A. [Ctrl]+[O]   B. [Ctrl]+[N]

    C. [Ctrl]+[E]   D. [Ctrl]+[C]

4. 在 Word 2010 中，下面关于页脚的几种说法，错误的是_____。

    A. 页脚中可以设置页码

    B. 页脚可以是页码、日期、简单的文字、文档的总题目等

C．页脚是打印在文档每页底部的描述性内容

D．页脚不能使用图片

5．SmartArt 图形是 Word 2010 特有的一项功能，它是_____。

　　A．一种创建艺术文字的配色方案　　　　B．一种信息和观点的视觉表示形式

　　C．用于显示统计类型的图形　　　　　　D．能导入外部图像的一个程序

6．当文档中插入图形对象后，可以通过设置图片的环绕方式进行图文混排，下列哪种方式不是 Word 2010 提供的环绕方式_____。

　　A．四周型　　　　　　B．紧密型　　　　　　C．嵌入型　　　　　　D．中间型

7．某个文档基本页是纵向的，如果某一页需要横向页面_____。

　　A．不可以这样做

　　B．将整个文档分为两个文档来处理

　　C．将这个文档分为 3 个文档来处理

　　D．在该页开始处插入分节符，在该页下一页开始处插入分节符，将该页通过页面设置为横向，但在应用范围内必须设为"本节"

8．Word 2010 版所增加的那些新特性，能让用户充分体验它的优点，其中体现在_____等应用。

　　A．基于 OO 型数据库管理功能

　　B．可以按照图形、表、脚注和注释来查找内容

　　C．支持开源系统

　　D．多进程文档管理

二、填空题

1．在文档中输入内容以及对输入的内容进行_____、_____等调整，是对文档编辑的重点。

2．在文档中插入图片后，图片工具"格式"选项卡将被激活，在该选项卡的功能区中可以对图片的_____、图片样式、_____和大小等进行设置。

3．插入表格可以使文档一目了然，其插入方法有两种：一是在"插入"选项卡中的_____工具栏中直接选择行数和列数，可快速插入表格；二是通过_____对话框详细设置。

4．文本框在对话框中为一个空白方框，主要用于输入_____。

三、简述题

1．简述 Word 2010 的主要功能及应用领域。

2．如何制作出精美的 Word 文档？

3．简述制作 Word 文档的一般流程。

第4章

Excel 2010 电子表格软件

Excel 2010 是微软公司最新推出的一套功能强大的电子表格处理软件,是每个公司、学校、工厂甚至家庭不可缺少的工具,它可以管理财务、制作报表、对数据进行排序与分析,或者将数据转换为更加直观的图表等。

Excel 2010 可以通过比以往更多的方法分析、管理和共享信息,从而帮助您做出更好、更明智的决策。全新的分析和可视化工具可帮助您跟踪和突出显示重要的数据趋势。无论您是要生成财务报表还是管理个人支出,使用 Excel 2010 都能够更高效、更灵活地实现您的目标。

4.1 Excel 基本操作与数据输入

4.1.1 初识 Excel 2010

Microsoft Excel 是微软公司的办公软件 Microsoft office 的组件之一,Excel 是微软办公套装软件的一个重要组成部分,它可以进行各种数据的处理、统计分析和辅助决策操作,广泛地应用于管理、统计、财经、金融等众多领域。

Excel 2010 具有强大的运算与分析能力。从 Excel 2007 开始,改进的功能区使操作更直观、更快捷,实现了质的飞跃。不过进一步提升效率、实现自动化,单靠功能区的菜单功能是远远不够的。在 Excel 2010 中使用 SQL 语句,可能灵活地对数据进行整理、计算、汇总、查询、分析等处理,尤其在面对大数据量工作表的时候,SQL 语言能够发挥其更大的威力,快速提高办公效率。

1. Excel 2010 文档的格式

Excel 2010 的文档格式与以前版本不同,它以 XML 格式保存,其新的文件扩展名是在以前文件扩展名后添加"x"或"m"。x 表示不含宏的 XML 文件,m 表示含有宏的 XML 文件,具体如表 4-1-1 所示。

表 4-1-1　Excel 中的文件类型与其对应的扩展名

文件类型	扩展名	文件类型	扩展名
Excel 2010 工作簿	xlsx	Excel 2010 模板	xltx
Excel 2010 启用宏的工作簿	xlsm	Excel 2010 启用宏的模板	xltxm

2. 工作簿、工作表与单元格

工作簿与工作表之间的关系类似一本书和书中的每一页之间的关系。一本书由不同的页数组成,各种文字和图片都出现在每一页上,而工作簿由工作表做成,所有数据包括数字、符号、图片以及图表等都输入到工作表中。

工作簿是 Excel 用来处理和存储数据的文件,其中可以含有一个或多个工作表。实质上工作簿是工作表的容器。刚启动 Excel 2010 时,打开一个名为 Book1 的空白工作簿,当然可以在保存工作簿时,重新定义一个自己喜欢的名字。

在 Excel 2010 中,每个工作簿就像一个大的活页夹,工作表就像其中一张张的活页纸。工作表是工作簿的重要组成部分,它又称为电子表格。用户可以在一个工作簿文件中管理各种类型的相关信息。例如,在一个工作表中存放“小班”的管理数据,在另一个工作表中存放“中班”的管理数据等,而这些工作表都可以包含在一个工作簿中。

Excel 作为电子表格软件,其数据的操作都在组成表格的单元格中完成。一张工作表由行和列构成,每一列的列标由 A,B,C 等字母表示;每一行的行号由 1,2,3 等数字表示。行与列的交叉处形成一个单元格,它是 Excel 2010 进行工作的基本单位。在 Excel 2010 中,单元格是按照单元格所在的行和列的位置来命名的,例如单元格 C4,就是指位于第 C 列第 4 行交叉点上的单元格。要表示一个连续的单元格区域,可以用该区域左上角和右下角单元格表示,中间用冒号(:)分隔,例如,E6:H8 表示从单元格 E6 到 H8 的区域。如图 4-1-1 所示。

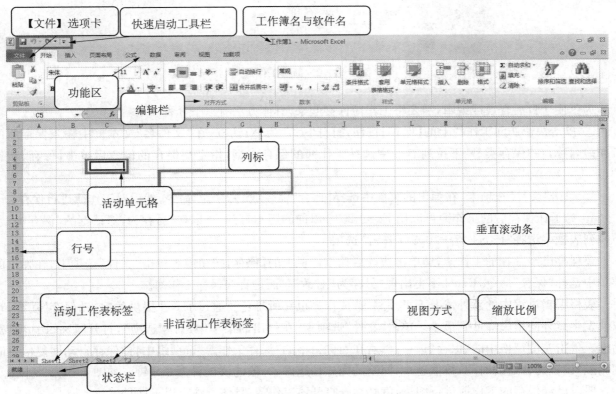

图 4-1-1　Excel 2010 窗口

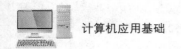

4.1.2 工作簿和工作表的常用操作

1. 工作簿的常用操作

启动 Excel 2010 时系统会自动创建一个空白的工作簿,等待用户输入信息。用户还可以根据自己的实际需要,创建新的工作簿。

创建新工作簿的具体方法如下。

① 单击"文件"选项卡,在弹出的菜单中选择"新建"命令,在中间的"可用模板"窗格中单击"空白工作簿",单击【创建】按钮,将创建一个新的空白工作簿。如图 4-1-2 所示。

② 在"新建"窗口中,还可以选择"可用模板"窗格中的"样本模板",从下方列表框中选择与需要创建工作簿类型对应的模板。单击【创建】按钮,即可生成带有相关文字和格式的工作簿,大大简化了重新创建 Excel 工作簿的工作过程。此时,只需在相应的单元格中填写数据。

③ 单击"可用模板"窗格中的"根据现有内容新建",打开"根据现有工作簿新建"对话框,从中选择已有的 Excel 文件为基础来新建工作簿。

④ 单击"Office.com 模板"下方的模板分类,再选择具体要使用的模板,单击【下载】按钮,就可从网上下载该模板来新建工作簿。

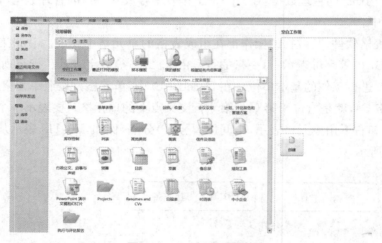

图 4-1-2　新建工作簿

为了便于日后查看或编辑,需要将工作簿保存起来,具体方法有以下 3 种。

① 单击快速访问工作栏上的【保存】按钮,打开"另存为"对话框,在"文件名"文本框中输入保存后的工作簿名称,在"保存类型"下拉列表框中选择工作簿的保存类型,指定要保存的位置后单击【保存】按钮即可。

② 单击"文件"选项卡,在弹出的菜单中选择"保存"命令或"另存为"命令,然后对工作簿进行保存。

③ 为了让保存后的工作簿可以用 Excel 2010 以前的版本打开,可以在"另存为"对话框的"保存类型"下拉列表框中选择"Excel 97—2003 工作簿"选项。

要保存已经存在的工作簿,请单击快读启动工作栏上的【保存】按钮或者单击"文件"选项卡,在弹出的菜单中选择"保存"命令,Excel 不再出现"另存为"对话框,而是直接保存工作簿。

表格编辑过程中的意外情况不可预测,造成损失也在所难免。通过 Excel 提供的"自动保存"功能,可以使发生意外的损失降低到最小。单击"文件"选项卡,在弹出的菜单中选择"选项",打开"Excel 选项"对话框。单击左侧窗格中的"保存"选项,然后在右侧窗格的"保存工作簿"选项组中将"保存自动回复信息时间间隔"设置为合适的时间,数值越小,回复的完整性越好,一般建议设置为 3 分钟。如图 4-1-3 所示。

要对已经保存的工作簿进行编辑,就必须先打开该工作簿,具体方法有以下两种。

图 4 - 1 - 3　自动保存

① 单击"文件"选项卡,在弹出的菜单中选择"打开"命令,出现"打开"对话框,定位到要打开的工作簿路径下,然后选择要打开的工作簿,并单击【打开】按钮,即可在 Excel 窗口中打开选择的工作簿。

② 在资源管理器窗口中双击准备打开的工作簿文件,即可启动 Excel 并打开该工作簿。

对于暂时不再进行编辑的工作簿,可以将其关闭,并释放该工作簿所占用的内存空间。单击"文件"选项卡,在弹出的菜单中选择"关闭"命令。如果不再使用 Excel 编辑任何工作簿,单击 Excel 2010 主窗口标题栏右侧的【X】按钮,可以关闭所有打开的工作簿。在关闭工作簿时,如果没有进行保存操作,弹出确认保存对话框:单击【是】按钮,保存并关闭当前文档;单击【否】按钮,则将不保存当前修改的内容并关闭当前文档;单击【取消】按钮将返回当前文档。

2. 工作表的常用操作

默认情况下,一个新的工作簿中只含有 3 个工作表,其名字是 Sheet1、Sheet2 和 Sheet3,分别显示在工作表标签中。用户可以改变工作簿中默认工作表的数量,具体操作步骤如下。

① 单击"文件"选项卡,在弹出的菜单中单击【选项】按钮,打开"Excel 选项"对话框。

② 选择左侧的"常规"选项,然后在右侧"新建工作簿"选项组中,将"包含的工作表数"中的内容设置为所需数值即可。如图 4 - 1 - 4 所示。

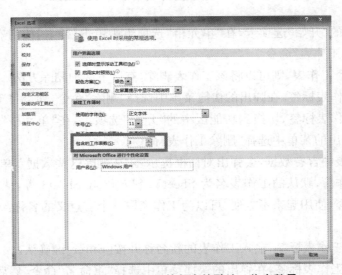

图 4 - 1 - 4　修改工作簿包含的默认工作表数量

③ 单击【确定】按钮,以后新建工作簿时将会自动包含 6 个工作表。

使用新建的工作簿时,最先看到的是 Sheet1 工作表。要切换到其他工作表中,可以选择以下 3 种方法之一:

① 单击工作表标签,可以快速在工作表之间进行切换。例如,单击 Sheet2 标签,可以选择第二个空白工作表。此时,Sheet2 以白底且带下划线显示,表明它为当前工作表。

② 可以通过键盘切换工作表。按[Ctrl]+[PageUp]组合键,切换到上一个工作表;按[Ctrl]+[PageDown]组合键,切换到下一个工作表。

③ 如果在工作中插入了许多工作表,而所需的标签没有显示在屏幕上,则可以通过工作表标签前面的 4 个标签滚动按钮来滚动标签。如图 4-1-5 所示。

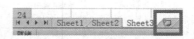

图 4-1-5　切换工作表　　　　　　图 4-1-6　插入工作表

除了预先设置工作簿默认包含的工作表数量外,还可以在工作表中随时根据需要来添加新的工作表,有以下 3 种插入工作表的方法。

① 在工作簿中直接单击工作表标签中的【插入工作表】按钮,如图 4-1-6 所示。

② 右击工作表标签,在弹出的快捷菜单中选择"插入"命令,在打开的"插入"对话框的"常用"选项中选择"工作表"选项,然后单击【确定】按钮,即可插入新的工作表。如图 4-1-7 所示。

图 4-1-7　利用"插入"对话框插入工作表

③ 切换到功能区中的"开始"选项卡,在"单元格"选项组中单击【插入】按钮右侧的向下箭头,从弹出的下拉菜单中选择"插入工作表"命令。

如果已经不需要某个工作表,则可以将该工作表删除,有以下两种删除方法。

① 右击要删除的工作表标签,在弹出的快捷菜单中选择"删除"命令,即可将工作表删除。

② 单击要删除的工作表标签,切换到功能区中的"开始"选项卡,在"单元格"选项组中单击【删除】按钮右侧的向下箭头,在弹出的菜单中选择"删除工作表"命令。

如果要删除的工作表中含有数据,会弹出对话框提示"永久删除这些数据",单击【删除】按钮。

对于一个新建的工作簿,默认的工作表名为 Sheet1、Sheet2 和 Sheet3 等,从这些工作表名称中不容易知道工作表存放的内容,使用起来不方便,可以为工作表取一个有意义的名称。用户可以通过以下两种方法重命名工作表。

① 双击要重命名的工作表标签,输入工作表的新名称并按[Enter]键确认。

② 右击要重命名的工作表标签,在弹出的快捷菜单中选择"重命名"命令,然后输入工作表的新名称。

要在工作簿的多个工作表中输入相同的数据,可以将这些工作表选定。用户可以利用下列方法之一来选定工作表:

① 要选择多个相邻工作表时,单击第一个工作表的标签,按住[Shift]键,再单击最后一个工作表标签。

② 要选定不相邻工作表时,单击第一个工作表的标签,按住[Ctrl]键,再分别单击要选定的工作表标签。

③ 要选定工作簿中的所有工作表时,请右击工作表标签,然后从弹出的快捷菜单中选择"选定全部工作表"命令。

选定多个工作表时,在标题栏的文件名旁边将出现"工作组"字样。当向工作组内的一个工作表中输入数据或者进行格式化时,工作组中的其他工作表也出现相同的数据和格式。

要取消对工作表的选定,只需单击任意一个未选定的工作表标签;或者右击工作表标签,从弹出的快捷菜单中选择"取消组合工作表"命令即可。

利用工作表的移动和复制功能,可以实现两个工作簿间或工作簿内工作表的移动和复制。

(1)在工作簿内移动或复制工作表

在同一个工作簿内移动工作表,即改变工作表的排列顺序。拖动要移动的工作表标签,当小三角箭头到达新位置后,释放鼠标左键即可。

要在同一个工作簿内复制工作表,按住[Ctrl]键的同时拖动工作表标签。到达新位置时,先释放鼠标左键,再松开[Ctrl]键,即可复制工作表。

(2)在工作簿之间移动或复制工作表

打开用于接收工作表的工作簿,切换到包含要移动或复制工作表的工作簿中。右击要移动或复制的工作表标签,从弹出的快捷菜单中选择"移动或复制工作表"命令,在出现的"移动或复制工作表"对话框中,选择用于接收工作表的工作簿名,在"下列选定工作表之前"列表框中,选择要移动或复制的工作表要放在选定工作簿中的哪个工作表之前。要复制工作表,就要选中"建立副本"复选框,否则只是移动工作表。

右键单击工作表标签,从弹出的快捷菜单中选择"隐藏"命令,可隐藏工作表。

通过"视图"选项卡,在"窗口"选项组中单击【拆分】按钮,即可将工作表拆分为 4 个窗格;单击【冻结窗格】按钮,从下拉菜单中选择"冻结拆分窗格"命令,此时标题行的下边框将显示一个黑色的线条,再滚动垂直滚动条浏览表格下方数据时,标题行将固定不被移动,始终显示在数据上方。

4.1.3　在工作表中输入数据——创建家长联系登记表

数据是表格中不可缺少的元素之一,在 Excel 2010 中,常见的数据类型有文本型、数字型、日期时间型和公式等。

1. 常规输入数据

文本是 Excel 常用的一种数据类型,如表格的标题、行标题与列标题等。文本数据包含任何字母(包含中文字符)、数字和键盘符号的组合。以《家长联系登记表》为例,如图 4-1-8 所示,具体操作步骤如下。

图 4-1-8　输入文本

① 选定单元格 A1,输入"家长联系登记表"。输入完毕后,按[Enter]键,或者单击编辑栏上的【输入】按钮。这里的 A1 单元格成为活动单元格。

② 选定单元格 A2,输入"日期"。输入完毕后,按[Tab]键要选定右侧的单元格为活动单元格;按回车键可以选定下方的单元格为活动单元格;按方向键可以自由选定其他单元格为活动单元格。

③ 依次输入"姓名"、"班级"、"家长姓名"、"联系内容"和"联系人签名"等数据。

④ 单击单元格 A17,输入"备注:(1)由保健医生填写。"

⑤ 单击单元格 A18,输入"(2)内容:儿童不良卫生习惯,体弱儿,肥胖儿及各种缺点矫治的家庭配合。儿童身心发育中出现的问题,家长对卫生保健的建议。"

用户输入的文本超过单元格宽度时,如果右侧相邻的单元格中没有任何数据,则超出的文本延伸到右侧单元格中;如果右侧相邻的单元格中已有数据,则超出的文本被隐藏起来,只要增大列宽或以自动换行的方式格式化该单元格后,就能够看到全部的内容。要使单元格中的数据强行换到下一行中,按[Alt]+[Enter]组合键即可。

当输入一个较长的数字时,在单元格中显示为科学计数法,表示该单元格的列宽太小不能显示整个数字。当单元格中的数字以科学计数法表示或者填满了"♯♯♯"符号时,表示该列没有足够的宽度,只需调整列宽即可。

2. 快速输入工作表数据

在输入数据的过程中,经常发现表格中有大量重复的数据,可以将该数据复制到其他单元格中。为了提高工作效率,以下 3 种方法是快速输入数据的技巧。

① 选定多个要输入相同数据的单元格,选定完毕后,在其中一个选定的单元格中输入文字。按[Ctrl]+回车键,即可在所有选定的单元格中出现相同的文字。

② 选择要填充区域的第一个单元格并输入数据序列中的初始值。如果数据序列的步长值不是 1,则同时选定区域中的下一个单元格并输入数据序列中的第二个数值,两个数值之间的差决定数据序列的步长值。同时选中输入数据的两个单元格区域,并将鼠标移到单元格区域右下角的填充柄上,当鼠标指针变成小黑十字形时,按住鼠标左键在要填充序列的区域上移动。释放鼠标左键时,Excel 将在这个区域完成填充工作。

③ 自定义序列是根据实际工作的需要设置的序列。单击"文件"选项卡,在弹出的菜单中选择"选项"命令,打开"Excel 选项"对话框。选择左侧列表框中的"高级"选项,然后单击右侧的【编辑自定义列表】按钮。打开"自定义序列"对话框,在"输入序列"文本框中输入自定义的序列项,在每项末尾按回车键进行分隔,单击【添加】按钮,新定义的填充序列出现在"自定义序列"列表框中。单击【确定】按钮,返回 Excel 工作表窗口。在单元格中输入自定义序列的第一个数据,通过拖动填充柄的方法进行填充,到达目标位置后,释放鼠标即可完成自定义序列的填充。如图 4-1-9 所示。

3. 设置数据有效性

在默认情况下,用户可以在单元格中输入任何数据。在实际工作中,经常需要给一些单元格或单元格区域定义有效数据范围。下面以设置单元格即可输入 0~2 000 之间的数字为例,制定数据的有效范围。具体操作步骤如下。

① 选定需要设置数据有效范围的单元格,切换到功能区中的"数据"选项卡,单击"数据工具"选项组中的【数据有效性】按钮向下箭头,在弹出的下拉菜单中选择"数据有效性"命令,打开"数据有效性"对话框,并切换到"设置"选项卡。

② 在"允许"下拉列表框中选择允许输入的数据类型。如果仅允许输入数字,请选择"整数"或"小数";如果仅允许输入日期和时间,请选择"日期"或"时间"。

③ 在"数据"下拉列表框中选择所需的操作符,然后根据选择的操作符指定数据的上限和下限。单击【确定】按钮。

图 4-1-9　自定义序列

如图 4-1-10 所示,设置了单元格仅可输入 0~2 000 之间的数字,则在设置了数据有效性的单元格中,如果输入超过 2 000 的数值时,就会弹出对话框提示"输入值非法"。

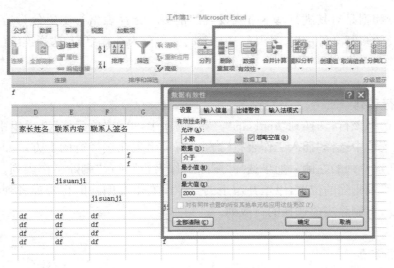

图 4-1-10　"设置"选项卡

4. 为单元格添加批注

批注是补充单元格内容的说明,以便日后了解创建时的想法,或供其他用户参考。如果要为单元格添加批注,可以按照下述步骤进行操作。

① 选定要添加批注的单元格,切换到功能区中的"审阅"选项卡,单击"批注"选项组中的【新建批注】按钮,该单元格的右上角就会出现一个红色的小三角,同时弹出批注框。

② 在批注框中输入批注,过程中如图 4-1-11 所示。

③ 单击批注框中任意位置完成批注的插入。

当用户将鼠标指向带有红色小三角的单元格时,会弹出

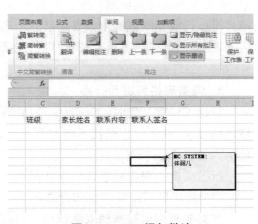

图 4-1-11　添加批注

显示相关联的批注。当鼠标移到工作表的其他位置时,会自动隐藏批注。

 课堂练习:创建《家长联系登记表》

本节主要初步认识了 Excel 的基本数据录入,本实例结合幼儿园实际,通过创建《家长联系登记表》以巩固所学知识。

在制作过程中主要涉及以下内容:

① 创建 Excel 工作簿;

② 输入登记表数据;

③ 为单元格添加批注;

④ 保存 Excel 工作簿,以"家长联系登记表"命名。

4.2 工作表的格式设置

4.2.1 工作表中的行与列操作

选择表格中的行和列是对其进行基本格式设置的前提。选择表格行主要分为选择单行、选择连续的多行以及选择不连续的多行 3 种情况。同样,选择表格列也分为选择单列、选择连续的多列以及选择不连续的多列 3 种情况。

1. 插入与删除行和列

要插入行,可以选择该行,切换到功能区的"开始"选项卡,单击"单元格"选项组中的【插入】按钮右侧的向下箭头,从下拉菜单中选择"插入工作表行"命令,新行出现在选择行的上方。如果选择"插入工作表列"命令,新列出现在选择列的左侧。如果选择"删除工作表行"或者"删除工作表列"命令,则可以删除行或列,其他的单元格移到删除的位置,以填补留下的空隙。右击要删除的行号或者列表,在弹出的快捷菜单中选择"删除"命令,将删除当前选择的行或列。

2. 隐藏和显示行和列

对于表格中某些敏感或机密数据,有时不希望让其他人看到,可以将这些数据所在的行或列隐藏起来,待需要时再将其显示出来。右击表格中要隐藏的行号或列标,在弹出的快捷菜单中选择"隐藏"命令,即可将该行或列隐藏起来。要重新显示隐藏的行或列,就要选择隐藏的行或列相邻的行或列,右击选择的区域,在弹出的快捷菜单中选择"取消隐藏"命令,即可重新显示隐藏的行或列。

3. 调整表格列宽和行高

新建工作簿文件时,工作表中每列的宽度与每行的高度都相同。如果所在单元格的宽度不够,而单元格数据过长,则部分数据就不能完全显示出来。这时应该将列宽进行调整,使得单元格数据能够完整地显示。

行的高度一般会随着显示字体的大小变化自动调整,但是用户也可根据需要调整行高。

(1)使用鼠标调整列宽和行高

如果要利用鼠标拖动来调整列宽(行高),则将鼠标指针移到目标列(行)的右边(下边)框线上,待鼠标指针呈双向箭头显示时,拖动鼠标即可改变列宽(行高)。到达目标位置后,释放鼠标左键即可设置该列(行)的列宽(行高)。

(2)使用命令精确设置列宽和行高

选择要调整的列或行,切换到功能区中的"开始"选项卡,单击"单元格"选项组中【格式】按钮右侧的向下箭头,从弹出的下拉菜单中选择"列宽"("行高")命令,打开"列宽"对话框("行高"对话框),在文本框中输入具体的列宽值(行高值),然后单击【确定】按钮。

4.2.2　工作表中的单元格操作

选择单元格是对单元格进行编辑的前提,选择单元格包括选择一个单元格、选择单元格区域和选择全部单元格 3 种情况。

1. 插入与删除单元格

如果工作表中输入的数据有遗漏或者准备添加新数据,可以右击选定单元格,在弹出的快捷菜单中选择"插入"命令,打开"插入"对话框,分别有【活动单元格右移】、【活动单元格下移】、【整行】和【整列】单选按钮,根据需要选择后,单击【确定】按钮。

对于表格中多余的单元格,可以将其删除。删除单元格不仅可以删除单元格中的数据,同时还将选中的单元格本身删除。右击删除的单元格,在弹出的快捷菜单中选择"删除"命令,打开"删除"对话框,分别有【活动单元格左移】、【活动单元格上移】、【整行】和【整列】单选按钮,根据需要选择后,单击【确定】按钮。

2. 合并与拆分单元格

如果客户希望将两个或两个以上的单元格合并为一个单元格,或者将表格标题同时输入到几个单元格中,这时就可以通过合并单元格的操作来完成。选择要合并的单元格区域,切换到功能区的"开始"选项卡,在"对齐方式"选项组中单击【合并及居中】按钮右侧的向下箭头,在弹出的菜单中选择"合并及居中"命令,则可以在合并单元格后使文字在单元格中水平垂直居中。如图 4-2-1 所示。

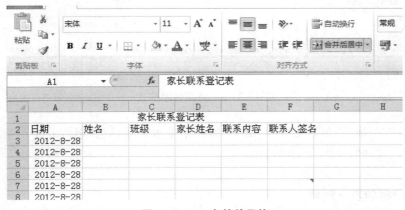

图 4-2-1　合并单元格

对于已经合并的单元格,需要时可以将其拆分为多个单元格。右击要拆分的单元格,在弹出的快捷菜单中选择"设置单元格格式"命令,打开"设置单元格格式"对话框,切换到"对齐"选项卡,撤选"合并单元格"复选框即可。

在功能区中的"开始"选项卡,在"编辑"选项组中单击【清除】按钮,在弹出的菜单中可以根据自己的需要选择相应的命令。如图 4-2-2 所示。

图 4-2-2　清除单元格数据格式或内容

4.2.3　设置工作表中的数据格式

为了使制作的表格更加美观，还需要对工作表进行格式化。数据格式主要包括设置字体格式（与Word设置方法类似）、设置对齐方式、设置数字格式、设置日期和时间、设置表格的边框、添加表格的填充效果、调整列宽和行高、快速套用表格格式以及设置条件格式等。

1. 设置数字格式

Excel 2010 提供了多种数字格式，如图 4-2-3 所示。

图 4-2-3　各类数字格式

通过应用不同的数字格式，可以更改单元格中的数据显示方式，数字格式并不影响 Excel 用于执行计算的实际单元格数值，实际值显示在编辑栏中。

2. 设置表格的边框和填充效果

为了打印有边框的表格，可以为表格添加不同线型的边框。选择要设置边框的单元格区域，切换到功能区中的"开始"选项卡，在"字体"选项组中单击【边框】按钮，在弹出的菜单中选择"其他边框"命令。打开"设置单元格格式"对话框并切换到"边框"选项卡，在该选项卡中可以设置"样式"、"颜色"、"预置"和"边框"等，设置完毕后单击【确定】按钮，返回 Excel 工作表窗口即可看到设置效果。如图 4-2-4 所示。

Excel 默认单元格的颜色是白色，并且没有图案。为了使表格的重要信息更加醒目，可以为单元格添加填充效果。选择要设置填充色的单元格区域，切换到功能区中的"开始"选项卡，单击"字体"选项组中的【填充颜色】按钮右侧的向下箭头，从下拉列表框中选择所需的颜色。如图 4-2-5 所示。

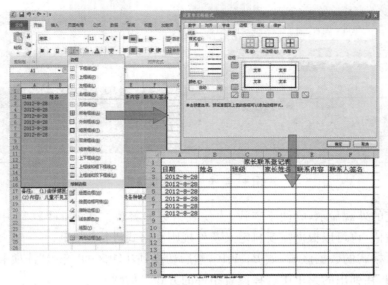

图 4-2-4 设置表格边框

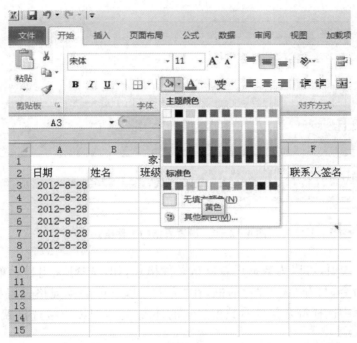

图 4-2-5 设置表格的填充效果

3. 套用表格格式

利用工作表中的数据套用表格式,即可实现快速美化表格外观的功能。选择要套用表样式的区域,然后切换到功能区中的"开始"选项卡,在"样式"选项组中单击【套用表格样式】按钮,在弹出的菜单中选择一种表格样式。

打开"套用表格样式"对话框,确认表数据的来源区域正确。如果希望标题出现在套用格式后的表中,则选中"表包含标题"复选框。

单击【确定】按钮,则可将表格格式套用在选择的数据区域中,如图 4-2-6 所示。

4. 设置条件格式

为了更容易查看表格中符合条件的数据,可以为表格数据设置条件格式。设置完成后,只要是符合条

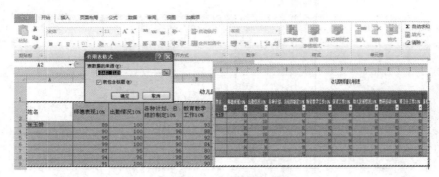

图 4-2-6 套用表格格式

件的数据都将以特定的外观显示,既便于查找,也使表格更加美观。在 Excel 2010 中,可以使用 Excel 提供的条件格式设置数值,也可以根据需要自定义条件规则和格式进行设置。

选择要设置条件格式的数据区域,如 B4:K10,然后切换到功能区的"开始"选项卡,在"样式"选项组中单击【条件格式】按钮,在弹出的菜单中选择设置条件的方式。如图 4-2-7 所示。

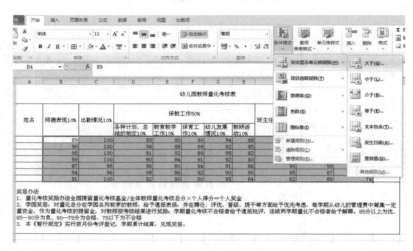

图 4-2-7 设置表格的条件格式

条件格式包括多种选项,可以为数据设置默认条件格式,如,选择"突出显示单元格规则"命令,从其子菜单中选择"大于"命令,打开"大于"对话框,在"为大于以下值的单元格设置格式:"下面输入数值,在"设置为"下拉列表框中选择符合条件时数据显示的外观,这里可以直接选择默认的格式,也可以自定义格式。

除了直接使用默认条件格式外,还可以根据需要对条件格式进行自定义设置,如要显示总分前 4 名的数据,并以红色、加粗与斜体显示,就要选择要应用条件格式的单元格区域 L4:L10,选择【新建规则】按钮,打开"新建格式规则"对话框,在列表框中选择"仅对排名靠前或靠后的数值设置格式"选项,在下方的文本框中输入"4",然后单击【格式】按钮,打开"设置单元格格式"对话框,根据需要设置条件格式,然后单击【确定】按钮,返回"新建格式规则"对话框,可以预览设置效果,单击【确定】按钮,即可在工作表中以特定的格式显示总分在前 4 名的单元格。

另外还有其他的设置方式,如色阶是使用颜色的深浅程度来帮助用户比较某个区域的单元格;图标集是使用方向、形状、标记和等级等方式来帮助用户标识某个区域的单元格。

4.2.4 美化工作表的外观

Excel 2010 提供了许多美化工作表外观的功能,包括为工作表标签设置颜色、使用主题美化表格、在工作表中插入图片和绘制图形、使用 SmartArt 图形、插入艺术字等。关于插入图片、艺术字等对象的操作与前面学过的 Word 2010 中对象插入的操作相同，这里就以《幼儿园教师量化考核表》为例，完成表格美化。

1. 设置工作表标签颜色

Excel 2010 允许为工作表标签添加颜色，不但可以轻松地区分各工作表，也可以使工作表更加美观。操作方法有两种：

方法一：右击需要添加颜色的工作表标签，从弹出的快捷菜单中选择"工作表标签颜色"命令，从其子菜单中选择所需的工作表标签的颜色。

方法二：单击要设置的工作表标签，切换到功能区中的"开始"选项卡，在"单元格"选项组中单击【格式】按钮，在弹出的菜单中选择"工作表标签颜色"命令，在弹出的子菜单中同样可以选择所需的颜色。

例如：为已经制作完成的工作表标签设置蓝色，为尚未制作完成的工作表标签设置红色。这里将《幼儿园教师量化考核表》中的 Sheet1 工作表命名为教师考核表，并修改工作表标签的颜色为红色。

2. 添加对象美化表格

（1）添加自由图形

选择"矩形"组中的【圆角矩形】按钮，绘制一个刚好覆盖表格的圆角矩形，如图 4-2-8 所示。

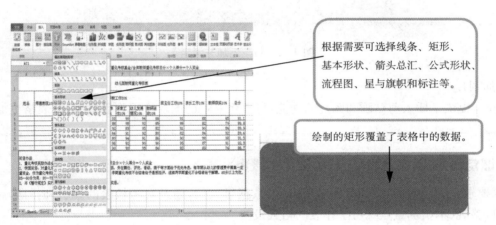

图 4-2-8　绘制圆角矩形

切换到功能区中的"格式"选项卡，单击"形状样式"选项组右下角的【设置形状格式】按钮，在打开的"设置形状格式"对话框中指定线型为 3 磅的双线。

切换到功能区中的"格式"选项卡，单击"形状样式"选项组中的【形状填充】按钮，从弹出的下拉菜单中选择"纹理"|"蓝色面巾纸"选项，即可为圆角矩形填充特殊效果。如图 4-2-9 所示。

切换到"图片工具格式"选项卡，单击"图片样式"选项组右下角的【设置形状格式】按钮，出现"设置图片格式"对话框，在"填充"选项组的"透明度"文本框中输入"70％"。

单击【关闭】按钮，结果如图 4-2-10 所示。

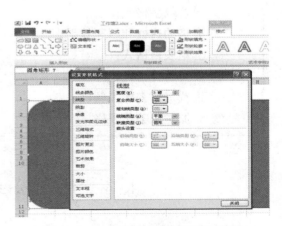

图 4-2-9　设置边框和特殊填充效果

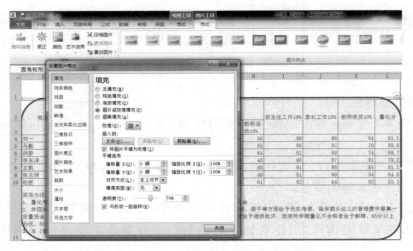

图 4-2-10 利用绘图功能美化后的表格

（2）添加艺术字

将标题"幼儿园教师量化考核表"制作为艺术字,调整艺术字的形状样式、艺术字样式等,最终效果如图 4-2-11 所示。

图 4-2-11 添加艺术字

（3）添加图片

Excel 同样提供了插入剪贴画和图片的功能,可以将喜欢的图片应用到表格中,使表格更加美观。

 课堂练习:美化《幼儿园教师量化考核表》

按照要求完成《幼儿园教师量化考核表》的数据录入后,通过对考核表的编辑和排版,使考核表更加规范、美观,本实例重点练习工作表的格式设置。

制作过程中主要包括以下内容:

① 合并单元格;

② 设置数字格式;

③ 表格的边框和填充效果;

④ 套用表格格式;

⑤ 设置条件格式;

⑥ 设置工作表标签颜色;

⑦ 添加对象美化表格。

4.3 使用公式与函数处理表格数据

要想发挥 Excel 在数据分析与处理方面的优势,公式与函数是必须掌握的重点内容之一。Excel 可以对数据资料进行分析和复杂运算。

4.3.1　公式的输入与使用

公式是对单元格中数据进行分析的等式,它可以对数据进行加、减、乘、除或比较等运算。公式可以引用同一工作表的其他单元格、同一工作簿中不同工作表的单元格,或者其他工作簿中工作表的单元格。

Excel 2010 中的公式遵循一个特定的语法,即最前面是等号"=",后面是参与计算的元素(运算数)和运算符。每个运算数可以是不改变的数值(常量)、单元格或区域的引用、标志、名称或函数。例如,在"=1+2＊3"公式中,结果等于 2 乘以 3 再加 1。例如"=SUM(L4:L10)"是一个简单的求和公式,它由函数 SUM、单元格区域引用 L4:L10 以及两个括号运算符"("和")"组成。

1. 基本概念

① 函数:预先编写好的公式,可以对一个或多个值执行运算,并返回一个或多个值。函数可以简化和缩短工作表中的公式,尤其是用公式执行很长或复杂的计算时。

② 参数:公式或函数中用于执行操作或计算的数值成为参数。函数中使用的常见参数类型有数值、文本、单元格名称、函数返回值等。

③ 常量:不用计算的值。例如,日期 2012-10-01、数字 268 以及文本"姓名",都是常量。如果公式中使用常量而不是对单元格的引用,则只有在更改公式时其结果才会更改。

④ 运算符:一个标记或符号,指定表达式内执行的运算的类型。如算术、比较、逻辑和引用运算符等。

2. 公式中的运算符

在输入的公式中,各个参与运算的数字和单元格引用都由代表各种运算方式的符号连接而成,这些符号被称为运算符。常用的运算符有算术运算符、文本运算符、比较运算符和引用运算符。

(1) 算术运算符

算术运算符用来完成基本的数学运算,如加法、减法、乘法、除法等。算术运算符如表 4-3-1 所示。

表 4-3-1　算术运算符

算术运算符	功能	示例
+	加	4+2
−	减	4−2
−	负数	−2
＊	乘	4＊2
/	除	4/2
%	百分号	2%
^	乘方	4^2

(2) 文本运算符

在 Excel 中可以利用文本运算符(&)将文本连接起来。例如,在单元格 A4 中数据为"张玉娇",在单元格 L2 中数据为"总分",在 A13 单元格中输入"=A4&"的"&L2",结果为"张玉娇的总分"。如图 4-3-1 所示。

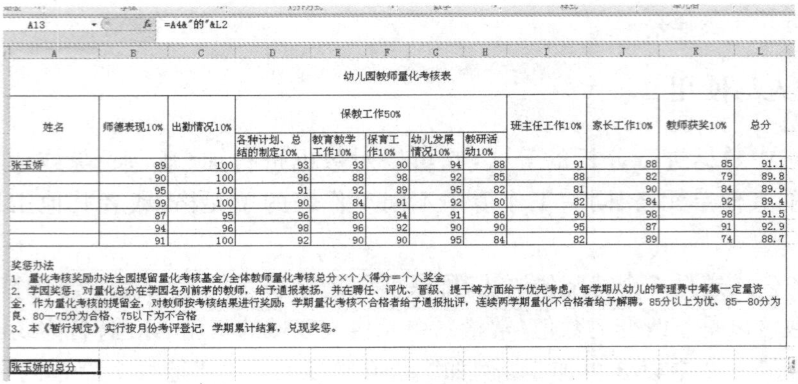

A13 =A4&"的"&L2

幼儿园教师量化考核表											
姓名	师德表现10%	出勤情况10%	保教工作50%					班主任工作10%	家长工作10%	教师获奖10%	总分
			各种计划、总结的制定10%	教育教学工作10%	保育工作10%	幼儿发展情况10%	教研活动10%				
张玉娇	89	100	93	93	90	94	88	91	88	85	91.1
	90	100	96	88	98	92	85	88	82	79	89.8
	95	100	91	92	89	95	82	81	90	84	89.9
	99	100	90	84	91	92	80	82	84	92	89.4
	87	95	96	80	94	91	86	90	98	98	91.5
	94	96	98	96	92	90	90	95	87	91	92.9
	91	100	92	90	90	95	84	82	89	74	88.7

奖惩办法
1. 量化考核奖励办法全园提留量化考核基金/全体教师量化考核总分×个人得分=个人奖金
2. 学园奖惩：对量化总分在学园名列前茅的教师，给予通报表扬，并在聘任、评优、晋级、提干等方面给予优先考虑，每学期从幼儿的管理费中筹集一定量资金，作为量化考核的提留金，对教师按考核结果进行奖励；学期量化考核不合格者给予通报批评，连续两学期量化不合格者给予解聘。85分以上为优、85—80分为良、80—75分为合格、75以下为不合格
3. 本《暂行规定》实行按月份考评登记，学期累计结算，兑现奖惩。

张玉娇的总分

图 4-3-1　文本运算符

(3) 比较运算符

比较运算符可以比较两个数值并产生逻辑值 TRUE 或 FALSE。比较运算符如表 4-3-2 所示。

表 4-3-2　比较运算符

比较运算符	功能	示例
＝	等于	A1＝A2
＜	小于	A1＜A2
＞	大于	A1＞A2
＜＞	不等于	A1＜＞A2
＜＝	小于等于	A1＜＝A2
＞＝	大于等于	A1＞＝A2

(4) 引用运算符

引用运算符主要用于连接或交叉多个单元格区域，从而生成一个新的单元格区域，各引用运算符的具体功能如表 4-3-3 所示。

表 4-3-3　引用运算符

引用运算符	含　义	示　例
:(冒号)	区域运算符，对两个引用之间、包括两个引用在内的所有单元格进行引用	SUM(L4:L10)
,(逗号)	联合运算符，将多个引用合并为一个引用	SUM(B4:B10, K4:K10)
(空格)	交叉运算符，表示几个单元格区域所重叠的那些单元格	SUM(B4:C10 C4:D4)(这两个单元格区域的共有单元格为 C4)

(5) 运算符的优先级

当公式中同时用到多个运算符时，就应该了解运算符的运算顺序。例如，公式"＝1＋4＊6"应该先做乘法运算，再做加法运算。Excel 将按照表 4-3-4 所示的优先顺序进行运算。

如果公式中包含了相同优先级的运算符，如公式中同时使用加法和减法运算符，则按照从左到右的原则进行计算。

要更改求值的顺序，请把公式中要先计算的部分用圆括号括起来。例如公式"＝(1＋4)＊6"就是先用 1 加 4，再用结果乘以 6。

表 4-3-4　运算符的运算优先级

运算符	说　明	优先级
（和）	括号,可以改变运算的优先级	1
—	负号,使正数变为负数(如—2)	2
&	百分号,将数字变为百分数	3
^	乘幂,一个数自乘一次	4
*和/	乘法和除法	4
＋和—	加法和减法	6
&	文本运算符	7
=,<,>,>=,<=,<>	比较运算符	8

3. 单元格引用

只要在 Excel 工作表中使用公式,就离不开单元格的引用问题。引用的作用是标识工作表的单元格或单元格区域,并指名公式中使用的数据位置。通过引用,可以在公式中使用工作表不同部分的数据,或者在多个公式中使用同一单元格的数值,还可以引用相同工作簿中不同工作表的单元格。默认情况下,Excel 使用 A1 引用类型,即用字母表示列,用数字表示行。

（1）相对引用单元格

公式中的相对单元格引用是基于包含公式和单元格引用的单元格的相对位置。如果公式所在的单元格位置改变,则引用也随之改变。在相对引用中,用字母表示单元格的列号,用数字表示单元格的行号,如 A1, B2 等。

实战演练: 在《幼儿园教师量化考核表》中,选定单元格 L4,其中的公式为

$$"=(B4＋C4＋D4＋E4＋F4＋G4＋H4＋I4＋J4＋K4)*0.1",$$

即求出张玉娇的最终量化分。指向单元格 L4 右下角的填充柄,鼠标指针变为"＋"形时,按住鼠标左键不放向下拖曳到要复制公式的区域。释放鼠标后,即可完成复制公式的操作。这些单元格会显示相应的计算结果,如图 4-3-2 所示。

（2）绝对引用单元格

绝对引用指向工作表中固定位置的单元格,它的位置与包含公式的单元格无关。在 Excel 中,通过对单元格引用的"冻结"来达到此目的,即在列标和行号前面添加"＄"符。例如,用"＄A＄1"表示绝对引用,当复制含有该引用的单元格时,＄A＄1 是不会改变的。

%	家长工作10%	教师获奖10%	最终量化分
91	88	85	91.1
88	82	79	89.8
81	90	84	89.9
82	84	92	89.4
90	98	98	91.5
95	87	91	92.9
82	89	74	88.7

图 4-3-2　复制带相对引用的公式

实战演练: 在《幼儿园教师量化考核表》中,选定单元格 M4,其中公式为"＝L4*＄M＄1"计算出每位教师的奖金,其中为了使单元格 M1 的位置不随复制公式而改变,这里用了绝对引用。指向单元格 M4 右下角的填充柄,鼠标指针变为"＋"形时,按住鼠标左键不放向下拖曳到要复制公式的区域。释放鼠标后,即可完成复制公式的操作。这些单元格会显示相应的计算结果,如图 4-3-3 所示。

此时,M4 中的公式为"＝L4*＄M＄1",M6 中的公式为"＝L6*＄M＄1", M7 中的公式为"＝L7*＄M＄1"。＄M＄1 的位置没有因复制而改变。

（3）混合引用单元格

	J	K	L	M
1				5
2	家长工作10%	教师获奖10%	总分	奖金
3				
4	88	85	91.1	455.5
5	82	79	89.8	=L5*M1
6	90	84	89.9	449.5
7	84	92	89.4	447
8	98	98	91.5	457.5
9	87	91	92.9	464.5
10	89	74	88.7	443.5

图 4-3-3　复制带绝对引用的公式

混合引用是指公式中参数的行采用相对引用,列采用绝对引用;或者列采用绝对引用、行采用相对引用。如 $A1,A$1。公式中相对引用部分随公式复制而变化,绝对引用部分不随公式复制而变化。

实战演练:要创建一个九九乘法表,首先输入原始数据,选择 B2 单元格,输入公式"＝$A2 * B$1",表示第一个乘数的最左列不动($A)而行随之变动,第二个乘数的最上行不动而列($1)随之变动。复制单元格 B2 到 B2:I9 区域,结果如图 4-3-4 所示。

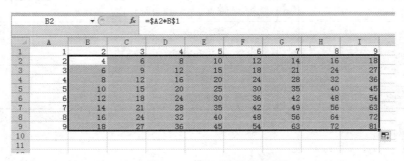

图 4-3-4　混合引用单元格

4.3.2　使用函数

函数是按照特定语法进行计算的一种表达式,使用函数进行计算,在简化公式的同时也提高了工作效率。函数是使用被称为参数的特定数值,按照被称为语法的特定顺序进行计算。参数可以是数字、文本、逻辑值、数组、错误值或者单元格引用。给定的参数必须能够产生有效的值。参数也可以是常量、公式或其他函数。

函数的语法以函数名称开始,后面分别是左圆括号、以逗号隔开的各个参数和右圆括号。如果函数以公式的形式出现,则在函数名称前面键入等号"＝"。

一个函数表达式中包括一个或多个函数,函数与函数之间可以层层相套,括号内的函数作为括号外函数的一个参数,这种称为嵌套函数。

在 Excel 工作表中输入函数有两种方法:如果用户对某些常用的函数及其语法比较熟悉,则可以直接在单元格中输入公式;Excel 2010 提供了 300 多个函数,想熟练掌握所有的函数难度很大,可以使用函数向导来输入函数。

在提供的众多函数中有些是经常使用的函数,下面介绍几个常用函数。

1. 求和函数

一般格式为"SUM(计算区域)",功能是求出制定区域中所有数的和。

实战演练:在《幼儿园教师量化考核表》中量化分的计算如果使用求和函数来计算,就可以将诸如

"＝(B4＋C4＋D4＋E4＋F4＋G4＋H4＋I4＋J4＋K4)"

这样的复杂公式转变为更简洁的形式"＝SUM(B4:K4)"。这里使用自动求和计算的方法。

选定要输入函数的单元格 L4,切换到功能区的"开始"选项卡,在"编辑"选项组中单击【∑自动求和】按钮右侧的向下箭头,从弹出的菜单中选择"求和",Excel 将自动出现求和函数 SUM 以及求和的数据区域。如果 Excel 推荐的数据区域并不是想要的,则输入新的数据区域;如果 Excel 推荐的数据区域正是自己想要的,则按[Enter]键。如图 4-3-5 所示。Excel 将在函数所在的单元格中显示公式的结果。

因为每项分数均占总分的 10%,所以这里量化分应该为分数总和乘以 10%,公式应该修改为"＝SUM(B4:K4) * 10%"。修改公式时,可以双击要修改的单元格或者在编辑栏处修改,此时公式将以彩色方式标识,其颜色与所引用的单元格标识颜色一致,以便于跟踪公式,帮助用户查询分析公式。复制单元格 L4

图 4 - 3 - 5　自动求和计算的方法

到 L4：L10 区域。

2. 求平均数函数

一般格式为"AVERAGE(计算区域)"，功能是求出指定区域中所有数的平均值。

实战演练：在《幼儿园教师量化考核表》中要计算全部员工的量化分的平均数，就要用到平均数函数。这里使用手动输入函数的方法计算。

选定要输入函数的单元格 M3，输入等号"＝"，输入函数名的第一个字母时，Excel 会自动列出以该字母开头的函数名，用鼠标双击选择所需的函数名或按［Tab］键选择所需的函数名，例如"AVERAGE"，这时在函数名右侧会自动输入一个"("。Excel 会出现一个带有语法和参数的工具提示，如图 4 - 3 - 6 所示。选定要引用的单元格或区域，输入")"，然后按回车键。Excel 将在函数所在的单元格中显示公式的结果。如果小数位数太多，可以切换到功能区中的"开始"选项卡，在"数字"选项组中单击【减少小数位数】按钮。

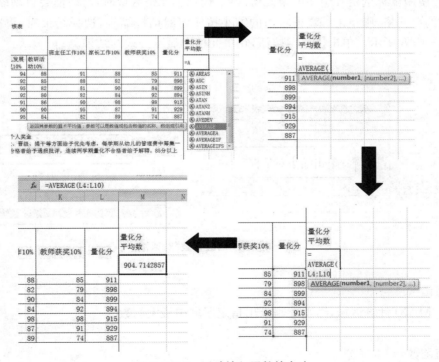

图 4 - 3 - 6　手动输入函数的方法

3. 求个数函数

一般格式为"COUNT(计算区域)"，功能是求出指定区域中包含数字的单元格的个数。

实战演练：在《幼儿园教师量化考核表》中要计算全部员工的个数，就要用到个数函数。这里使用手动输入函数的方法计算。

选定要插入函数的单元格,切换到功能区中的"公式"选项卡,在"函数库"选项组中单击【fx 插入函数】按钮,打开如图 4-3-7 所示的"插入函数"对话框。

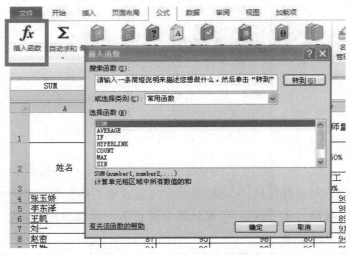

图 4-3-7 "插入函数"对话框

在"或选择类别"下拉列表框中选择要插入的函数类型,然后从"选择函数"列表框中选择要使用的函数,如 COUNT 函数,单击【确定】按钮,这里打开"函数参数"对话框,在参数框中输入数值、单元格引用或区域,在 Excel 2010 中,所有要求用户输入单元格引用的编辑框都可以使用这样的方法输入。首先用鼠标单击编辑框,然后使用鼠标选定要引用的单元格区域(选定单元格区域时,对话框会自动缩小)。如果对话框挡住了要选定的单元格,则单击编辑框右边的缩小按钮将对话框缩小,选择结束时,再次单击按钮恢复对话框。如图 4-3-8 所示。单击【确定】按钮,在单元格中显示公式的结果。

图 4-3-8 "函数参数"对话框

4. 求最大值函数

一般格式为"MAX(计算区域)",功能是求出指定区域中最大的数。

5. 求最小值函数

一般格式为"MIN(计算区域)",功能是求出指定区域中最小的数。

6. 求四舍五入值函数

一般格式为"ROUND(单元格,保留小数位数)",功能是对该单元格中的数按要求保留位数,进行四舍五入。

7. 条件函数

一般格式为"IF(条件表达式,值 1,值 2)",功能是当条件表达式为真时,返回值 1;当条件条件表达式为假时,返回值 2。

实战演练: 在《幼儿园教师量化考核表》中要通过量化分求出相应的等级,即">=90"时为优,">=74"时为"良",">=60"时为"及格","<60"时为"不及格",需要使用函数 IF。计算全部员工的个数,就要用到个数函数。这里使用手动输入函数的方法计算。

选择要计算等级的单元格 M4。输入

"=IF(L4>=90,″优″,IF(L4>=74,″良″,IF(L4>=60,″及格″,IF(L4<60,″不及格″))))",

如图 4-3-9 所示。按回车键,拖动该单元格右下角的填充柄,分别计算出其他员工的成绩等级。

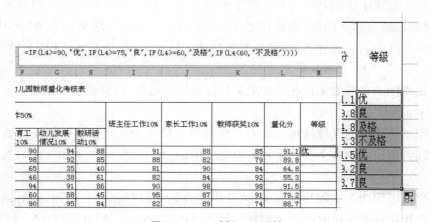

图 4-3-9　插入 IF 函数

8. 条件计数函数

一般格式为"COUNTIF(计算区域,以数字、表达式或文本形式定义的条件)",功能是计算指定区域中满足给定条件的单元格个数。

实战演练: 在《幼儿园教师量化考核表》中为了计算"等级"成绩为"优"的人数,可以利用 COUNTIF 函数。选择要计算的优秀员工人数的单元格,输入"=COUNTIF(M4:M10,″优″)",按回车键。同样的方法可以分别计算"等级"成绩为"良"、"及格"、"不及格"的人数。

4.3.3　公式审核

为了确保数据和公式的正确性,审核是至关重要的。审核公式包括检查并校对数据、查找选定公式引用的单元格、查找引用选定单元格的公式和查找错误等。

1. 公式中的错误信息

输入计算公式后,经常因为输入错误使系统看不懂该公式,会在单元格中显示错误信息。例如,在需要数字的公式中使用了文本、删除了被公式引用的单元格等。下面列出了一些常见的错误信息、可能产生的原因和解决的方法。

(1) ＃＃＃＃

错误原因:输入到单元格中的数值太长或公式产生的结果太长,单元格容纳不下。

解决方法:适当增加列的宽度。

(2) ＃DIV/0!

错误原因:除数为 0。在公式中,除数使用了指向空白单元格或者包含零值的单元格引用。

解决方法：修改单元格引用，或者在用作除数的单元格中输入不为零的值。

在 Excel 2010 中，当单元格中出现错误信息时，会在单元格左侧显示一个【智能标记】按钮，单击该按钮，在出现的下拉菜单中可以获得错误的帮助信息。

（3）♯N/A

错误原因：在函数和公式中没有可用的数值可以引用。当公式中引用某个单元格时，如果该单元格暂时没有数值，可能会造成计算错误。因此，可以在该单元格中键入"♯N/A"，所有引用该单元格的公式均会出现"♯N/A"，避免让用户误认为已经算出正确答案。

解决方法：检查公式中引用的单元格的数据，并正确输入。

（4）♯NAME?

错误原因：删除了公式中使用名称或者使用了不存在的名称以及拼写错误。当在公式中键入错误单元格或尚未命名过的区域名称。例如：本来要键入"＝SUM(A2:A3)"，结果键入为"＝SUM(A2A3)"，系统将"A2A3"当作一个已命名的区域名称，可是并未对该区域命名，系统并不认识"A2A3"名称，因此会出现错误信息。

解决方法：确认使用的名称确实存在。如果名称存在拼写错误，请修改拼写错误。

（5）♯NULL!

错误原因：使用了不正确的区域运算或者不正确的单元格引用。当公式中指定以数字区域间互相交叉的部分进行计算时，所指定的各个区域间并不相交。例如，"＝SUM(A2:A4 C2:C4)"，这两个区域间没有相交的单元格。

解决方法：如果要引用两个不相交的区域，请使用联合运算符（逗号）。例如，要对两个区域的数据进行求和，请确认在引用这两个区域时使用了逗号。例如，"＝SUM(A2:A4,C2:C4)"。如果没有使用逗号，请重新选定两个相交的区域。

（6）♯NUM!

错误原因：在需要数字参数的函数中使用了不能接受的参数或公式产生的数字太大或者太小。Excel不能表示。例如，"＝SQRT(－2)"，即计算－2的平方根，因为负数无法开方，因此会出现"♯NUM!"的错误信息。

解决方法：检查数字是否超出限定区域，函数内的参数是否正确。

（7）♯REF!

错误原因：删除了由其他公式引用的单元格或者将引用单元格粘贴到由其他公式引用的单元格中。

解决方法：检查引用单元格是否被删除。

（8）♯VALUE!

错误原因：需要数字或逻辑值时输入了文本，Excel 不能将文本转换为正确的数据类型。例如，"＝1＋"2＋3""，而系统会将"2＋3"视为文字，与数字 1 相加时，就会出现"♯VALUE!"的错误信息。

解决方法：确认公式、函数所需的运算符或参数正确，并且公式引用的单元格中包含有效的数值。

2. 使用公式审核工具

使用"公式审核"组中提供的工具，可以检查工作表公式与单元格之间的相互关系，并指定错误。在使用审核工具时，追踪箭头将指名哪些单元格为公式提供了数据，哪些单元格包含相关的公式。

如果要观察在公式中使用了哪些单元格，可以选定包含公式的单元格，然后切换到功能区中的"公式"选项卡，在"公式审核"选项组中单击【追踪引用单元格】按钮。Excel 2010 会用追踪线连接活动单元格与有关单元格。如果要观察某单元格被某个公式所引用，可以选定单元格，在"公式审核"选项组中单击【追踪从属单元格】按钮。如果要清除添加的箭头，则在"公式审核"选项组中单击【移去箭头】按钮。单击【错误检查】按钮，可追踪出错误的单元格。

课堂练习:对《幼儿园教师量化考核表》进行数据处理

本节已经介绍了公式与函数处理表格数据的方法,本实例将通过对《幼儿园教师量化考核表》进行数据处理,提高学生的实际应用能力。

制作过程中主要包括以下内容:

① 利用公式计算总分;

② 单元格引用;

③ 求和函数;

④ 平均数函数;

⑤ 条件函数;

⑥ 条件计数函数。

4.4 数据分析与管理

在面对包含成千上万条数据信息的表格时,经常会显得无所适从。如何快速查找、筛选出所需信息,对特定数据进行比较、汇总等,也是 Excel 使用中的一大难点。本节将介绍数据排序、数据筛选和分类汇总以及图表等方面的内容,包括对行列数据排序、多关键字排序、自定义排序、自动筛选、自定义筛选和高级筛选,以及分类汇总的创建和显示、图表的创建和编辑等。

4.4.1 对数据进行排序

数据排序可以使工作表中的数据记录按照规定的顺序排列,从而使工作表条理清晰。

1. 默认排序顺序

默认排序顺序是 Excel 2010 系统自带的排序方法。

升序排序时,默认情况下工作表中数据的排序方法如下。

① 文本:按照首字拼音第一个字母进行排序;

② 数字:按照从最小的负数到最大的正数的顺序进行排序;

③ 日期:按照从最早的日期到最晚的日期的顺序进行排序;

④ 逻辑:在逻辑值中,按照 FALSE 在前、TRUE 在后的顺序排序;

⑤ 空白单元格:按照升序排序和按照降序排序时都排在最后。

降序排序时,默认情况下工作表中数据的排序方法与升序排序时默认情况下工作表中数据的排序方法相反。

2. 简单排序

选中工作表中要参与排序的单元格,切换到功能区中的"数据"选项卡,在"排序和筛选"选项组中单击【升序】 或者【降序】按钮 ,排序区域中首先选中的单元格所在列的数据将按照升序或者降序的方式进行排列。如图 4-4-1 所示。

如果需要按行简单排序的话,需要切换到功能区中的"数据"选项卡,在"排序和筛选"选项组中单击【排序】按钮 ,打开"排序"对话框。单击【选项】按钮,弹出"排序选项"对话框,在"方向"选项组内选中【按行排序】单选按钮,单击【确定】按钮返回"选项"对话框,单击"主要关键字"列表框右侧的向下箭头,在

图 4-4-1　单列升序排列

弹出的下拉列表中选择作为排序关键字的选项,如"行 4"。在"次序"列表框中选择"升序"或"降序"选项,然后单击【确定】按钮。

3. 复杂排序

在排序过程中,也可以按照两个以上的排序关键字按行或按列进行排序。按多关键字复杂排序有助于快速直观地显示数据并更好地理解数据。下面以《幼儿园教师量化考核表》为例,按照"量化分"降序排列,量化分相同的按"师德表现"降序排列为例。

选中要排序的单元格区域,切换到功能区的"数据"选项卡,在"排序和筛选"选项组中单击【排序】按钮。打开"排序"对话框,在"主要关键字"下拉列表框中选择排序的首要条件,如"列 L",并将"排序依据"设置为"数值",将"次序"设置为"降序"。单击【添加条件】按钮,在"排序"对话框中添加次要条件,将"次要关键字"设置为"列 B",并将"排序依据"设置为"数值",将"次序"设置为"降序"。设置完毕后,单击【确定】按钮,即可看到排序结果。如图 4-4-2 所示。

图 4-4-2　多关键字复杂排序

如果需要对数据区域按照用户定义的顺序进行排序,在"次序"下拉列表中选择"自定义序列"选项,在出现的"自定义序列"对话框中进行设置即可。

4.4.2　数据筛选

数据筛选是指隐藏不准备显示的数据行,显示指定条件的数据行的过程。使用数据筛选可以快速显示选定数据行的数据,从而提高工作效率。下面以《幼儿园教师量化考核表》为例,筛选出"量化分"为 80 分以上,并且"师德表现"为 90 分以上的数据。

选中要筛选的单元格区域,切换到功能区中的"数据"选项卡,在"排序和筛选"选项组中单击【筛选】按钮 ▼,在表格中的每个标题右侧将显示一个向下箭头。单击"量化分"右侧的向下箭头,在弹出的下拉菜单中,选择"数字筛选"中的"大于"选项,出现"自定义筛选方式"对话框,在"大于"右侧的文本框中输入"80",单击【确定】按钮。单击"师德表现"以同样步骤筛选出 90 分以上的数据。如图 4－4－3 所示。

图 4－4－3　显示筛选后的结果

注意:如果要定义两个筛选条件,并且要同时满足,则选择【与】单选按钮;如果只需满足两个条件中的任意一个,则选中【或】单选按钮。

4.4.3　分类汇总

分类汇总是指根据指定的类别将数据以指定的方式进行统计,这样可以快速将大型表格中的数据进行汇总与分析,以获得想要的统计数据。

1. 创建分类汇总

插入分类汇总之前需要将准备分类汇总的数据区域按关键字排序,从而使相同关键字的行排列在相邻行中,有利于分类汇总的操作。下面以《学生报刊征订情况》表格为例,利用分类汇总功能,以"类别"为分类字段,对"订阅份数"进行求和汇总。

对需要分类汇总的字段进行排序。这里对"类别"进行排序。选定数据清单中的任意单元格,切换到功能区中的"数据"选项卡,在"分级显示"选项组中单击【分类汇总】按钮,出现"分类汇总"对话框。在"分类字段"列表框中,选择之前排序的字段,如"类别",在"汇总方式"列表框中,选择汇总计算方式,这里选择"求和"。在"选定汇总项"列表框中,选择想计算的列,如"订阅份数"。单击【确定】按钮即可得到分类汇总结果。如图 4－4－4 所示。

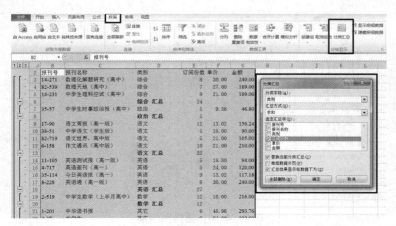

图 4－4－4　创建分类汇总

2. 分级显示分类汇总

对数据清单进行分类汇总后,在行标题的左侧出现了一些新的标志,成为分级显示符号,它主要用于显示或隐藏某些明细数据。

在分级显示视图中,单击行级符号1,仅显示总和与列标志;单击行级符号2,仅显示分类汇总与总和。在本例中,单击行级符号3,会显示所有的明细数据。

4.4.4 图表

为了使数据更加直观,可以将数据以图表的形式展示出来,因为利用图表可以很容易发现数据间的对比或联系。

1. 创建图表

图表既可以放在工作表上,也可以放在工作簿的图表工作表上。直接出现在工作表上的图表称为嵌入式图表,图表工作表是工作簿中仅包含图表的特殊工作表。嵌入式图表和图表工作表都与工作表的数据相链接,并随工作表数据的更改而更新。

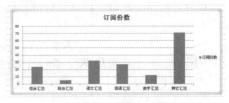

图 4-4-5 创建分类汇总

在工作表中选定要创建图表的数据,切换到功能区中的"插入"选项卡,在"图表"选项组中选择要创建的图表类型,这里单击【柱形图】按钮,从菜单中选择需要的图表类型,即可在工作表中创建图表。如图4-4-5所示。

2. 图表的基本操作

创建图表并将其选定后,功能区将多出 3 个选项卡,即"图表工具/设计"、"图表工具/布局"和"图表工具/格式"选项卡。通过这 3 个选项卡中的命令按钮,可以对图表进行各种设置和编辑。

对图表中的图表项进行修饰之前,应该单击图表项将其选定。有些成组显示的图表项(如数据系列和图例等)各自可以细分为单独的元素,例如,为了在数据系列中选定一个单独的数据标记,先单击数据系列,再单击其中的数据标记。

另外一种选择图表项的方法是:单击图表的任意位置将其激活,然后切换到"格式"选项卡,单击"图表元素"列表框右侧的向下箭头,从弹出的下拉列表中选择要处理的图表项。如图 4-4-6 所示。

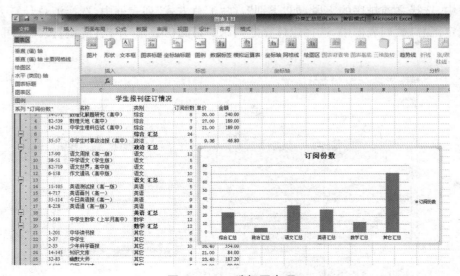

图 4-4-6 选择图表项

课堂练习:对《幼儿园教师量化考核表》进行数据分析与管理

　　本节已经介绍了数据分析与管理的基本功能,主要包括数据排序、数据筛选和分类汇总以及图表等内容。本实例将通过对《幼儿园教师量化考核表》的数据分析与管理,进一步提高数据分析与管理的实际应用能力。

　　制作过程中主要包括以下内容:

　　① 数据排序;

　　② 数据筛选;

　　③ 分类汇总;

　　④ 创建图表;

　　⑤ 修饰图表。

4.5　工作表的安全与打印输出

　　有些工作表中会包含隐私或机密数据,通常都不希望被他人随意打开或修改,这时就可以考虑对工作表和工作簿进行安全性设置。为了将排版的表格打印出来,需要进行页面设置。客户既可以打印整个工作簿、一个工作表、也可以打印工作表的一部分。

4.5.1　工作簿和工作表的安全性设置

　　Excel 2010 增加了强大而灵活的保护功能,以保证工作表或单元格中的数据不会被随意更改。设置保护工作表的具体步骤如下。

1. 保护工作表

　　右击工作表标签,在弹出的快捷菜单中选择"保护工作表"命令,出现如图 4-5-1 所示的"保护工作表"对话框,选中"保护工作表及锁定的单元格内容"复选框。要给工作表设置密码,可以在"取消工作表保护时使用的密码"文本框中输入密码。在"允许此工作表的所有用户进行"列表框中选择可以进行的操作,或者撤选禁止操作的复选框。例如:选中"设置单元格格式"复选框,则允许用户设置单元格的格式。单击【确定】按钮。

图 4-5-1　"保护工作表"对话框

　　要取消对工作表的保护,可以右击工作表标签,在弹出的快捷菜单中选择"撤销工作表保护"命令;或者切换到功能区中的"开始"选项卡,在"单元格"选项组中单元【格式】按钮,在弹出的菜单中选择"撤销工作表保护"命令。

2. 保护工作簿

　　如果不希望其他人随意在重要的工作簿中移动、添加或删除其中的工作表,可以对工作簿的结构进行保护。如果对工作簿进行了窗口保护,则将锁死当前工作簿中的工作表窗口,使其无法进行最小化、最大

化、还原等操作。

切换到功能区的"审阅"选项卡,在"更改"选项组中单击【保护工作簿】按钮,弹出"保护结构和窗口"对话框。选中"结构"和"窗口"复选框,在"密码(可选)"文本框中输入密码,密码是区分大小写的,单击【确定】按钮,打开"确认密码"对话框,重新输入一次刚才设置的密码。单击【确定】按钮,即可设置工作簿的密码。此时右击某个工作表标签,在弹出的菜单中可以看到已经无法插入、删除、重命名、移动、复制和隐藏工作表了。如图4-5-2所示。

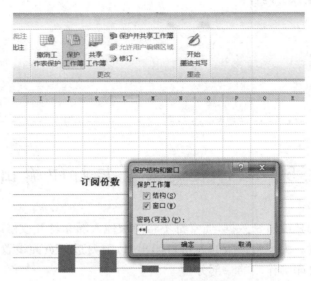

图4-5-2 "保护结构和窗口"对话框

要取消工作簿的密码保护,可以切换到"审阅"选项卡,在"更改"选项组中单击【保护工作簿】按钮,在打开的对话框中输入前面设置的密码,然后单击【确定】按钮即可。

4.5.2 页面设置

对于要打印输出工作表,则需要在打印之前对其页面进行一些设置,如纸张大小和方向、打印比例、页边距、页眉和页脚、设置分页、设置要打印的数据区域。

切换到功能区中的"页面布局"选项卡,在"页面设置"选项组中可以设置页边距、纸张方向、纸张大小、打印区域与分隔符等。

正常情况下打印工作表时,会将整个工作表全部打印输出。如果仅打印部分区域,可以选定要打印的单元格区域。切换到功能区中的"页面布局"选项卡,在"页面设置"选项组中单击【打印区域】按钮的向下箭头,从下拉列表中选择"设置打印区域"命令。

如果要使行和列在打印输出中更易于识别,可以显示打印标题。用户可以指定在每个打印页的顶部或右侧重复出现的行或列。切换到功能区中的"页面布局"选项卡,在"页面设置"选项组中单击【打印标题】按钮,打开"页面设置"对话框,单击"工作表"选项卡。在"打印区域"文本框中输入要打印的区域,在"顶端标题行"文本框中输入标题所在的单元格区域。还可以单击右侧的【折叠对话框】按钮,隐藏对话框的其他部分。对话框缩小后直接用鼠标在工作表中选定标题区域。选定后,单击右侧的【展开对话框】按钮。单击【确定】按钮。

4.5.3 打印输出

如果对预览的效果比较满意,则可以正式打印了。单击"文件"选项卡,在弹出的菜单中选择"打印"命令,弹出"打印"选项面板,如图4-5-3所示。

图 4-5-3　打印工作簿

在"份数"数值框中输入要打印的份数。如果打印当前工作表的所有页,则单击"设置"下方的【打印范围】按钮,在弹出的下拉列表框中选择"打印活动工作表";如果仅打印部分页,则在"页数"和"至"文本框中分别输入起始页码和终止页码。单击【打印】按钮,即可开始打印。

 课堂练习:打印《幼儿园教师量化考核表》

本节已经介绍了工作表的页面设置以及安全、打印输出等内容,本实例将通过对《幼儿园教师量化考核表》的打印巩固所学知识。

制作过程中主要包括以下内容:

① 页面设置;

② 保护工作表;

③ 保护工作簿;

④ 打印输出。

本 章 小 结

Excel 2010 具有强大的运算与分析能力。从 Excel 2007 开始,改进的功能区使操作更直观、更快捷,实现了质的飞跃。Excel 2010 可以通过比以往更多的方法分析、管理和共享信息,从而帮助您做出更好、更明智的决策。全新的分析和可视化工具可帮助您跟踪和突出显示重要的数据趋势。

 习　题

一、单选题

1. 在 Excel 中,要在同一工作簿中把工作表 sheet3 移动到 sheet1 前面,应_____。

A．单击工作表 sheet3 标签，并沿着标签行拖动到 sheet1 前

B．单击工作表 sheet3 标签，并按住[Ctrl]键沿着标签行拖动到 sheet1 前

C．单击工作表 sheet3 标签，并选"编辑"菜单的"复制"命令，然后单击工作表 sheet1 标签，再选"编辑"菜单的"粘贴"命令

D．单击工作表 sheet3 标签，并选"编辑"菜单的"剪切"命令，然后单击工作表 sheet1 标签，再选"编辑"菜单的"粘贴"命令

2．在 Excel 中，给当前单元格输入数值型数据时，默认为＿＿＿＿＿。

    A．居中   B．左对齐   C．右对齐   D．随机

3．在 Excel 工作表单元格中，输入下列表达式＿＿＿＿＿是错误的。

    A．＝(15－A1)/3   B．＝A2/C1   C．SUM(A2:A4)/2   D．＝A2＋A3＋D4

4．在 Excel 工作表中，单元格区域 D2:E4 所包含的单元格个数是＿＿＿＿＿．

    A．5   B．6   C．7   D．8

5．Excel 表中要选定不相邻的单元格，用＿＿＿＿＿键配合鼠标操作。

    A．[Ctrl]   B．[Alt]   C．[Tab]   D．[Shift]

二、填空题

1．新建的 Excel 工作簿窗口中包含＿＿＿＿＿个工作表。

2．电子表格是一种＿＿＿＿＿维的表格。

3．在 Excel 中，公式都是以"＝"开始的，后面由操作数和＿＿＿＿＿构成。

4．电子表格由行列组成的＿＿＿＿＿构成，行与列交叉形成的格子称为＿＿＿＿＿，＿＿＿＿＿是 EXCEL 中最基本的存储单位，可以存放数值、变量、字符、公式等数据。

5．常用的运算符有＿＿＿＿＿、＿＿＿＿＿、＿＿＿＿＿和＿＿＿＿＿。

三、上机操作题

将表格《五年级 6 班期末考试成绩》的内容输入到 Excel 中，并按照以下要求进行设置。

① 将标题设为黑体，22 号字，合并及居中；

② 计算各学生的总分及平均分；

③ 以"总分"为第一关键字，降序排列；

④ 在数据表末尾添加名次列，并填写学生的名次；

⑤ 求出每科的最高分；

⑥ 计算各科的优秀率（成绩大于 84 分的属于优秀）；

⑦ 自由修饰表格；

⑧ 将表中所有数据居中排列，添加浅蓝色背景；

⑨ 将表格复制到工作表 2 中，并将工作表标签改名为"学生成绩表"。

五年级 6 班期末考试成绩						
学号	姓名	语文	英语	数学	地理	历史
1	赵小明	78	84	96	94	97
2	薛 斌	80	70	80	88	84
3	张 芸	88	91	96	92	94
4	李栋梁	82	80	84	90	91

续　表

学号	姓名	语文	英语	数学	地理	历史
5	刘　涛	84	88	93	90	92
6	蔡汉强	44	63	74	80	79
7	孙　铮	70	76	80	84	84
8	冯　麾	79	77	83	74	81
9	王　燕	81	92	89	89	93
10	张治国	69	82	91	74	88
11	董立峰	84	93	93	94	84
12	翟建和	86	84	97	96	94
13	魏岩松	80	78	100	74	98
14	高少红	82	83	84	86	89
	最高分					
	优秀率					

第 5 章

PowerPoint 2010 演示文稿软件

PowerPoint 是 Microsoft 公司推出的一款优秀的演示文稿处理软件,能够制作出集文字、图形、图像、声音以及视频剪辑等多媒体元素于一体的演示文稿,将所要表达的信息组织在一组图文并茂的画面中,主要用于设计制作专家报告、教师讲义、产品演示以及广告宣传等演示文稿。制作的演示文稿可以在投影仪或者计算机上进行演示,也可以将演示文稿打印出来,制作胶片,以便应用到更广泛的领域中。

5.1 初步掌握 PowerPoint 2010

PowerPoint 的操作对象是演示文稿,演示文稿是有限数量的幻灯片的有序集合。每张幻灯片由若干个文本、表格对象、图片对象、组织结构对象及多媒体对象等多种对象组合而成。创建一个美观、生动、简洁而准确表达演讲者意图的演示文稿是我们的目的。

PowerPoint 2010 的基本操作包括 PPT 的建立、打开、保存,各种图形、图片的插入,各种视图的切换,以及各视图模式下调整幻灯片的顺序、删除和复制幻灯片等操作。

5.1.1 走进 PowerPoint 2010

PowerPoint 2010 无论是在创建并播放演示文稿方面,还是在保护管理信息方面,都在原来版本的基础上新增了许多功能,如自动保存演示文稿的多种版本、合并和比较演示文稿、向幻灯片中添加屏幕截图等。

1. PowerPoint 2010 的功能与特点

(1) 为演示文稿带来更多活力和视觉冲击

应用成熟的照片效果而不使用其他照片编辑软件程序可节省时间和金钱。通过使用新增和改进的图像编辑和艺术过滤器,如颜色饱和度和色温、亮度和对比度、虚化、画笔和水印,将用户的图像变成引人注目、鲜亮的图像。

（2）与他人同步工作

用户可以同时与不同位置的其他人合作同一个演示文稿。当用户访问文件时，可以看到谁在与用户合著演示文稿，并在保存演示文稿时看到他们所作的更改。

（3）添加个性化视频体验

在PowerPoint 2010中直接嵌入和编辑视频文件。方便的书签和剪裁视频仅显示相关节。使用视频触发器，可以插入文本和标题以引起访问群体的注意。还可以使用样式效果（如淡化、映像、柔化棱台和三维旋转），帮助用户迅速引起访问群体的注意。

（4）想象一下实时显示和说话

通过发送网页地址（URL）即时广播PowerPoint 2010演示文稿以便人们可以在Web上查看用户的演示文稿。访问群体将看到体现用户设计意图的幻灯片，即使他们没有安装PowerPoint也没有关系。用户还可以将演示文稿转换为高质量的视频，通过叙述与使用电子邮件、Web或DVD的所有人共享。

（5）从其他位置在其他设备上访问演示文稿

将演示文稿发布到Web以便人们从计算机或智能手机（Smartphone）联机访问、查看和编辑。使用PowerPoint 2010，用户可以按照计划在多个位置和设备完成这些操作。Microsoft PowerPoint Web应用程序，将Office体验扩展到Web，并享受全屏、高质量复制的演示文稿。当用户离开办公室、家或学校时，创建然后联机存储演示文稿，并通过PowerPoint Web应用程序编辑工作。

（6）使用美妙绝伦的图形创建高质量的演示文稿

不必是设计专家也能制作专业的图表。使用数十个新增的SmartArt布局可以创建多种类型的图表，例如组织系统图、列表和图片图表。将文字转换为令人印象深刻、可以更好地说明用户想法的直观内容。创建图表就像键入项目符号列表一样简单，或者只需单击几次就可以将文字和图像转换为图表。

（7）用新的幻灯片切换和动画吸引访问群体

PowerPoint 2010提供了全新的动态切换，如动作路径和看起来与在电视上看到的图形相似的动画效果。轻松访问、发现、应用、修改和替换演示文稿。

（8）更高效地组织和打印幻灯片

通过使用新功能的幻灯片轻松组织和导航，这些新功能可帮助用户将一个演示文稿分为逻辑节或与他人合作时为特定作者分配幻灯片。这些功能允许用户更轻松地管理幻灯片，如只打印用户需要的节而不是整个演示文稿。

（9）更快完成任务

PowerPoint 2010简化了访问功能的方式。新增的Microsoft Office Backstage视图替换了传统的文件菜单，只需几次点击即可保存、共享、打印和发布演示文稿。通过改进的功能区，用户可以快速访问常用命令，创建自定义选项卡，个性化用户的工作风格体验。

（10）跨越沟通障碍

PowerPoint 2010可帮助用户在不同的语言间进行通信，翻译字词或短语为屏幕提示、帮助内容和显示各自的语言设置。

2. PowerPoint 2010用户界面

PowerPoint 2010的主界面窗口中包含下列组成部分。

① 标题栏：显示正在编辑的演示文稿的文件名以及所使用的软件名。

② "文件"选项卡：基本命令位于此处，如"新建"、"打开"、"关闭"、"另存为"和"打印"。

③ 快速访问工具栏：常用命令位于此处，如"保存"和"撤消"。您也可以添加自己的常用命令。

④ 功能区：工作时需要用到的命令位于此处。它与其他软件中的"菜单"或"工具栏"相同。

⑤ 编辑窗口：显示正在编辑的演示文稿。

⑥ 显示按钮：使您可以根据自己的要求更改正在编辑的演示文稿的显示模式。

⑦ 滚动条:使您可以更改正在编辑的演示文稿的显示位置。

⑧ 缩放滑块:使您可以更改正在编辑的文档的缩放设置。

⑨ 状态栏:显示正在编辑的演示文稿的相关信息。

PowerPoint 2010 的主界面窗口如图 5-1-1 所示。

图 5-1-1　PowerPoint 2010 主界面窗口

3. PowerPoint 2010 的视图方式

PowerPoint 2010 中可用于编辑、打印和放映演示文稿的视图有:普通视图、幻灯片浏览视图、备注页视图、幻灯片放映视图(包括演示者视图)、阅读视图以及母版视图。

如图 5-1-2 所示,可在两个位置找到 PowerPoint 视图。

① "视图"选项卡上的"演示文稿视图"组和"母版视图"组中。

② 在 PowerPoint 窗口底部有一个易用的栏,其中提供了各个主要视图(普通视图、幻灯片浏览视图、阅读视图和幻灯片放映视图)。

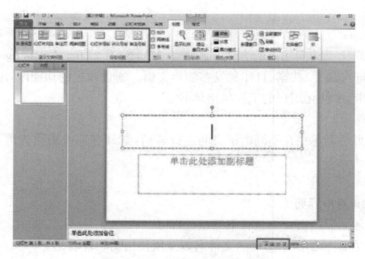

图 5-1-2　PowerPoint 视图位置

(1) 普通视图

普通视图是主要的编辑视图,可用于撰写和设计演示文稿。普通视图有 4 个工作区域,如图 5-1-3 所示。

①"大纲"选项卡：此区域是用户开始撰写内容的理想场所；在这里用户可以捕获灵感、计划如何表述它们，并能移动幻灯片和文本。"大纲"选项卡以大纲形式显示幻灯片文本。

②"幻灯片"选项卡：在编辑时以缩略图大小的图像在演示文稿中观看幻灯片。使用缩略图能方便地遍历演示文稿，并观看任何设计更改的效果。在这里还可以轻松地重新排列、添加或删除幻灯片。

③"幻灯片"窗格：在 PowerPoint 窗口的右上方，"幻灯片"窗格显示当前幻灯片的大视图。在此视图中显示当前幻灯片时，可以添加文本，插入图片、表格、SmartArt 图形、图表、图形对象、文本框、电影、声音、超链接和动画。

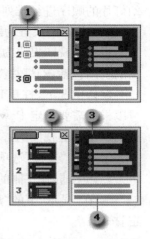

④ 备注窗格：在"幻灯片"窗格下的"备注"窗格中，可以键入要应用于当前幻灯片的备注。以后，用户可以将备注打印出来并在放映演示文稿时进行参考。用户还可以将打印好的备注分发给受众，或者将备注包括在发送给受众或发布在网页上的演示文稿中。

图 5-1-3　普通视图的
工作区域

（2）幻灯片浏览视图

幻灯片浏览视图可使用户查看缩略图形式的幻灯片。通过此视图，用户在创建演示文稿以及准备打印演示文稿时，将可以轻松地对演示文稿的顺序进行排列和组织。

用户还可以在幻灯片浏览视图中添加节，并按不同的类别或节对幻灯片进行排序。

（3）备注页视图

"备注"窗格位于"幻灯片"窗格下。用户可以键入要应用于当前幻灯片的备注。以后，用户可以将备注打印出来并在放映演示文稿时进行参考。用户还可以将打印好的备注分发给受众，或者将备注包括在发送给受众或发布在网页上的演示文稿中。

如果要以整页格式查看和使用备注，可以在"视图"选项卡上的"演示文稿视图"组中单击"备注页"。

（4）母版视图

母版视图包括幻灯片母版视图、讲义母版视图和备注母版视图。它们是存储有关演示文稿信息的主要幻灯片，其中包括背景、颜色、字体、效果、占位符大小和位置。使用母版视图的一个主要优点在于，在幻灯片母版、备注母版或讲义母版上，可以对与演示文稿关联的每个幻灯片、备注页或讲义的样式进行全局更改。

（5）幻灯片放映视图

幻灯片放映视图可用于向受众放映演示文稿。幻灯片放映视图会占据整个计算机屏幕，这与受众观看演示文稿时在大屏幕上显示的演示文稿完全相同。用户可以看到图形、计时、电影、动画效果和切换效果在实际演示中的具体效果。

若要退出幻灯片放映视图，按[Esc]键即可。

（6）阅读视图

阅读视图用于向用自己的计算机查看用户演示文稿的人员而非受众（例如，通过大屏幕）放映演示文稿。如果用户希望在一个设有简单控件以方便审阅的窗口中查看演示文稿，而不想使用全屏的幻灯片放映视图，也可以在自己的计算机上使用阅读视图。如果要更改演示文稿，可随时从阅读视图切换至某个其他视图。

（7）用于准备和打印演示文稿的视图

为了节省纸张和油墨，在打印之前可能需要准备打印作业。PowerPoint 提供了一系列视图和设置，可帮助用户指定要打印的内容（幻灯片、讲义或备注页）以及这些作业的打印方式（彩色打印、灰度打印、黑白打印、带有框架等）。

（8）幻灯片浏览视图

幻灯片浏览视图可使您查看缩略图形式的幻灯片。通过此视图，可以在准备打印幻灯片时方便地对

幻灯片的顺序进行排列和组织。

（9）将视图设置为默认视图

将默认视图更改为用户工作所需的视图时，PowerPoint 将始终在该视图中打开。可以设置为默认视图的视图包括：幻灯片浏览视图、只使用大纲视图、备注视图和普通视图的变体。

默认情况下，打开 PowerPoint 时会显示普通视图，其中列有缩略图、备注和幻灯片视图。但是，用户可以根据需要指定 PowerPoint 在打开时显示另一个视图，例如幻灯片浏览视图、幻灯片放映视图、备注页视图以及普通视图的各种变体。

① 单击"文件"选项卡。

② 单击屏幕左侧的"选项"，然后在"PowerPoint 选项"对话框的左窗格上单击【高级】。

③ 在"显示"下的"用此视图打开全部文档"列表中，选择要设置为新默认视图的视图，然后单击【确定】按钮。

5.1.2 创建演示文稿

在对演示文稿进行编辑之前，首先应创建一个演示文稿。演示文稿是 PowerPoint 中的文件，它由一系列幻灯片组成。幻灯片可以包括醒目的标题、详细的说明文字、生动的图片以及多媒体组件等元素。

1. 新建空白演示文稿

如果用户对创建演示文稿的结构和内容已经比较了解，则可以从空白的演示文稿开始设计。具体操作步骤如下。

① 单击"文件"选项卡，在弹出的菜单中选择"新建"命令，选择中间窗格中的"空白演示文稿"选项，如图 5-1-4 所示。

② 单击【创建】按钮，即可创建一个空白演示文稿。

③ 向幻灯片中输入文本，插入各种对象。

图 5-1-4 创建空白演示文稿

2. 根据模板新建演示文稿

模板决定了演示文稿的基本结构，同时决定了其配色方案，应用模板可以使演示文稿具有统一的风格。具体操作步骤如下。

① 单击"文件"选项卡，在弹出的菜单中选择"新建"命令，单击中间窗格中的【样本模板】，在弹出的窗口中会显示已安装的模板，如图 5-1-5 所示。

图 5 - 1 - 5　选择已安装的模板

② 单击要使用的模板,然后单击【创建】按钮,即可根据当前选定的模板创建演示文稿。

5.1.3　保存演示文稿

在 PowerPoint 中创建演示文稿时,演示文稿临时存放在计算机内存中。为了永久性地使用演示文稿,必须将它保存到磁盘上。

第一次保存演示文稿时,需要选择演示文稿保存的路径,输入演示文稿的保存名称。具体操作步骤如下。

① 单击"文件"选项卡,在弹出的菜单中选择"保存"命令,打开如图 5 - 1 - 6 所示的"另存为"对话框。

图 5 - 1 - 6　"另存为"对话框

② 在"文件名"框中,键入 PowerPoint 演示文稿的名称,然后单击【保存】按钮。

注释默认情况下,PowerPoint 2010 将文件保存为 PowerPoint 演示文稿文件格式(.pptx)。若要以非".pptx"格式保存演示文稿,请单击"保存类型"列表,然后选择所需的文件格式。

5.1.4　文本编辑

演示文稿是由一系列组织在一起的幻灯片组成,每张幻灯片可以有独立的标题、说明文字、图片、声音、图像、表格、艺术字和组织结构图等元素。用"设计模板和主题"创建的演示文稿中只有一些提示性文字,在输入文本或插入图形和图表后才能创建出完整的演示文稿。

处理文本的基本方法主要包括添加文本、文本编辑、设置文本格式。

1. 文本的添加

（1）在占位符中添加文本

使用自动版式创建的新幻灯片中，有一些虚线方框，它们是各种对象（如幻灯片标题、文本、图表、表格、组织结构图和剪贴画）的占位符，其中幻灯片标题和文本的占位符内，可添加文字内容。

（2）使用文本框添加文本

如果希望自己设置幻灯片的布局，在创建新幻灯片时选择了空白幻灯片，或者要在幻灯片的占位符之外添加文本，可以利用"开始"工具栏中的【绘图】按钮，选择【文本框】和【垂直文本框】进行添加。

（3）自选图形中添加文本

在 PowerPoint 2010 中，使用【绘图】按钮绘制和插入图形是一件非常轻松的事情。你可以根据需要选择绘制线条、矩形、基本形状、箭头、公式形状、流程图、星与旗帜以及标注等不同类型的图形工具。

2. 文本的编辑

在建立演示文稿的过程中，总要对它进行编辑。文字处理的最基本编辑技术是删除、复制和移动等操作，在进行这些操作之前，必须选择所要编辑的文本。有关文本的复制与删除及移动、查找与替换、撤消与重做等内容，在介绍文字处理软件、表格处理软件中均有介绍，在此不再重复。在建立幻灯片的过程中，要熟练掌握，灵活使用。

3. 文本格式的设置

在 PowerPoint 2010 中，可以给文本设置各种属性，如字体、字号、字形、颜色和阴影等，或者设置项目符号，使文本看起来更有条理、更加整齐。给段落设置对齐方式、段落行距和间距，使文本看起来更错落有致。还可以给文本框设置不同效果，在"开始"工具栏中找到【绘图】，选中需要设置的文本框，根据形状填充、形状轮廓和形状效果对选中的文本框进行修改。

在演示文稿中，除了可以设置字符的格式外，还可以设置段落的格式、设置段落的对齐方式、设置段落缩进和进行行距调整等。在 PowerPoint 2010 中，段落的概念是用于说明带有一个回车符的文字，每个段落可以拥有自己的格式。

5.1.5 操作幻灯片

用户在使用 PowerPoint 制作优美且内容丰富的演示文稿时，需要根据其具体要求插入、移动、复制或删除幻灯片。

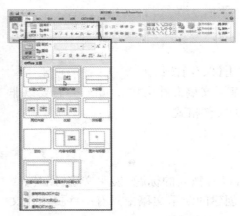

图 5-1-7 选项组插入幻灯片

1. 插入幻灯片

一般情况下，用户可通过下列 3 种方法来插入幻灯片。

（1）选项组插入

在幻灯片窗格中选择一张幻灯片。然后执行"开始"|"幻灯片"|"新建幻灯片"命令，并选择一种类型，如图 5-1-7 所示。

（2）右击鼠标插入

选择幻灯片，右击鼠标，执行"新建幻灯片"命令，即可在选择的幻灯片之后插入一张新幻灯片。

2. 编辑幻灯片

编辑幻灯片即根据设计幻灯片的具体需求，复制和粘贴幻灯片。另外，用户还可以运用 PowerPoint 中的单击剪贴功能，在同一演示文稿或不同演示文稿中移动幻灯片。

（1）复制和粘贴幻灯片

为了使新建的幻灯片与已经建立的幻灯片保持相同的版式或设计风格，可以运用复制、粘贴来实现。

在幻灯片窗格中，选择幻灯片，执行"开始"|"剪切板"|"复制"命令。然后将光标置于需要创建副本幻灯片的位置上，执行"开始"|"剪切板"|"粘贴"命令即可。

或者选择幻灯片，按[Ctrl]＋[C]键，复制幻灯片。然后将光标置于需要创建副本幻灯片的位置上，按[Ctrl]＋[V]键，粘贴幻灯片。

（2）移动幻灯片

用户可通过移动幻灯片的位置来调整幻灯片的播放顺序。

① 同一篇演示文稿中移动：在幻灯片窗格中，选择要移动的幻灯片，拖动至合适位置后，松开鼠标即可。

② 在不同演示文稿中移动幻灯片：将两篇演示文稿打开，执行"视图"|"窗口"|"全部重排"命令，将两个文稿显示在一个界面中，再选择要移动的幻灯片，拖动到另一个文稿中。

③ 同时移动多张幻灯片：首先，单击某张需要移动的幻灯片，然后按住[Ctrl]键，在其他要移动的幻灯片上依次单击，选择多张幻灯片。然后，按住鼠标左键拖动即可。

（3）删除幻灯片

用户可根据下列 3 种方法来删除幻灯片。

① 选择要删除的幻灯片，在"开始"选项卡的"幻灯片"选项组中，执行"删除"命令即可。

② 选择要删除的幻灯片，右击鼠标执行"删除幻灯片"命令即可。

③ 选择要删除的幻灯片，按[Delete]键即可。

 课堂练习：制作我的第一个演示文稿

本节将通过具体实例"制作我的第一个演示文稿"来巩固所学知识，在制作过程中主要涉及以下内容：

① 利用模板创建演示文稿；

② 输入文本内容；

③ 设置幻灯片的字体格式；

④ 设置幻灯片的段落格式；

⑤ 操作幻灯片；

⑥ 修改演示的内容；

⑦ 保存演示文稿。

5.2　丰富演示文稿的内容

本章将介绍向幻灯片中插入各种对象的技巧，包括插入表格、插入图表、插入剪贴画、插入图片、制作相册集、插入 SmartArt 图形、插入声音文件、插入影片以及绘制图形，最后通过一个综合实例巩固所学内容。

5.2.1　插入对象的方法

在 PowerPoint 2010 中新建幻灯片时，只要选择含有内容的版式，就会在内容占位符上出现内容类型选择按钮。单击其中的一个按钮，即可在该占位符中添加相应的内容对象，如图 5－2－1 所示。

图 5－2－1　利用占位符插入对象

5.2.2　插入表格

如果需要在演示文稿中添加有规律的数据，可以使用表格来完成。PowerPoint 中的表格操纵远比 Word 简单得多。

1. 在 PowerPoint 中创建表格以及设置表格格式

① 选择要向其添加表格的幻灯片。

② 在"插入"选项卡上的"表格"组中，单击"表格"。在"插入表格"对话框中，执行下列操作之一：

● 单击并移动指针以选择所需的行数和列数，然后释放鼠标按钮，如图 5－2－2 所示。

● 单击"插入表格"，然后在"列数"和"行数"列表中输入数字。

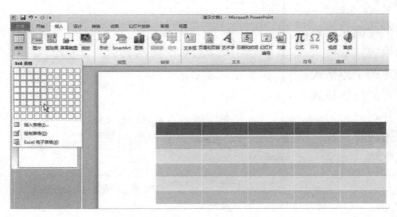

图 5－2－2　插入表格

③ 要向表格单元格添加文字，请单击某个单元格，然后输入文字。

输入文字后，单击该表格外的任意位置。

2. 从 Word 中复制和粘贴表格

① 在 Word 中，单击要复制的表格，然后在"表格工具"下的"布局"选项卡上，单击"表格"组中"选择"旁边的箭头，然后单击【选择表格】。

② 在"开始"选项卡上的"剪贴板"组中，单击【复制】。

③ 在 PowerPoint 演示文稿中,选择要将表格复制到的幻灯片,然后在"开始"选项卡上单击【粘贴】。

提示:还可以将 PowerPoint 演示文稿中的表格复制并粘贴到 Excel 工作表或 Word 文档中。

3. 在 PowerPoint 中插入 Excel 电子表格

在向演示文稿中插入 Excel 电子表格时,可以利用某些 Excel 电子表格函数的优点,在 PowerPoint 中最新添加的电子表格会成为 OLE 嵌入对象。因此,如果对演示文稿的主题进行更改(颜色、字体和效果),则应用于电子表格的主题不会更新已添加的电子表格。此外,也不能使用 PowerPoint 2010 中的选项来编辑表格。

① 选择要在其上插入 Excel 电子表格的幻灯片。

② 在"插入"选项卡上的"表格"组中,单击【表格】,然后单击【Excel 电子表格】。

③ 若要向表格单元格中添加文字,请单击相应单元格,然后输入文字。

输入文字后,单击该表格外的任意位置。

提示:若要在取消选择 Excel 电子表格后对其进行编辑,则双击该表格。

5.2.3　使用图表

图表是一种以图形显示的方式表达数据的方法。用图表来表示数据,可以使数据更容易理解。在 PowerPoint 2010 中,可以插入多种数据图表和图形,如柱形图、折线图、饼图、条形图、面积图、散点图、股价图、曲面图、圆环图、气泡图和雷达图。

1. 在幻灯片中插入图表

① 单击内容占位符上的【插入图表】按钮,或者在"插入"选项卡上的【图表】按钮,如图 5-2-3 所示。

图 5-2-3　选择【图表】按钮

② 在"插入图表"对话框中,单击箭头滚动图表类型,如图 5-2-4 所示。

选择所需图表的类型,然后单击【确定】按钮。

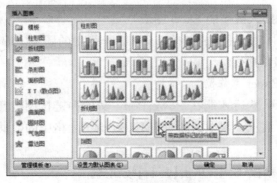

图 5-2-4　选择图表类型

将鼠标指针停留在任何图表类型上时,屏幕提示将会显示其名称。

③ 在 Excel 2010 中编辑数据,如图 5-2-5 所示。

在编辑完数据后,可以关闭 Excel。

▲	A	B	C	D
1	第 1 列	东部	西部	北部
2	第 1 季度	20.4	35.6	22.9
3	第 2 季度	27.4	38.9	33
4	第 3 季度	90	40.6	49.5
5	第 4 季度	20.4	45	51

图 5-2-5　Excel 工作表中的示例数据

2. 编辑图表中的数据

如果 PowerPoint 2010 演示文稿中包含图表,并且需要更改数据,不管图表是嵌入图表还是链接图表,可以直接编辑数据。此外,还可以更新或刷新链接图表中的数据,而无需直接编辑数据。

① 选择要更改的图表。

② 在"图表工具"下"设计"选项卡上的"数据"组中,单击【编辑数据】,如图 5-2-6 所示。

Excel 将在一个拆分窗口中打开,并显示您要编辑的工作表。

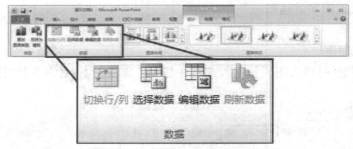

图 5-2-6　选择【编辑数据】按钮

③ 若要编辑单元格中的标题内容或数据,则在 Excel 工作表中单击包含您想更改的标题或数据的单元格,然后键入新信息。

④ 执行下列操作之一:

● 如果图表是链接的,请首先保存工作表,然后更新 PowerPoint 中的图表。

● 如果图表是嵌入的,则转至步骤 5,PowerPoint 将自动保存嵌入的图表。

⑤ 在 Excel 中的"文件"选项卡上,单击【退出】按钮。

3. 在 PowerPoint 2010 中插入链接的 Excel 图表

在 PowerPoint 演示文稿中可以插入或链接 Excel 工作簿中的图表。编辑电子表格中的数据时,可以轻松更新 PowerPoint 幻灯片上的图表。

① 打开包含所需图表的 Excel 工作簿。

注意:必须首先保存工作簿,然后才能在 PowerPoint 文件中链接图表数据。如果将 Excel 文件移动到其他文件夹,则 PowerPoint 演示文稿中的图表与 Excel 电子表格中的数据之间的链接会断开。

② 选择图表。

③ 在"开始"选项卡的"剪贴板"组中,单击【复制】按钮。

④ 打开所需的 PowerPoint 演示文稿,然后选择要在其中插入图表的幻灯片。

⑤ 在"开始"选项卡上的"剪贴板"组中，单击"粘贴"下面的箭头，然后执行下列操作之一：

● 如果要保留图表在 Excel 文件中的外观，选择【保留源格式和链接数据】🗐。

● 如果希望图表使用 PowerPoint 演示文稿的外观，选择【使用目标主题和链接数据】🖾。

5.2.4　使用图片

在 PowerPoint 2010 中，可通过插入图片与剪贴画的方法来增加幻灯片的表现力。其中，利用图片装饰幻灯片，不仅可以使幻灯片具有图文并茂的视觉效果，而且还可以形象地表现幻灯片的主题与思想。

1. 插入图片

在 PowerPoint 中插入图片，可以通过各种来源插入。

① 执行"插入"|"图像|"图片"命令，弹出"插入图片"对话框。在该对话框中，选择需要插入的图片文件，单击【插入】按钮即可。

② 单击内容占位符上的【插入图片】按钮。

2. 插入剪贴画

在 PowerPoint 中，系统内包含有大量的剪贴画，方便用户使用。用户可执行"插入"|"图像"|"剪贴画"命令，在弹出的"剪贴画"对话框中，输入搜索文字，单击【搜索】按钮。然后单击找到的图片即可，如图 5-2-7 所示。

3. 使用屏幕截图

用户可以使用 PowerPoint 2010 新增的屏幕截图功能来增加幻灯片的独特性，即执行"插入"|"图像"|"屏幕截图"命令，在其列表中选择"屏幕剪辑"选项。然后，拖动鼠标在屏幕中截取相应的区域即可。

5.2.5　使用艺术字

艺术字是一个文字样式库，可以将艺术字添加到文档中制作出装饰性效果。另外，还可以将幻灯片中的文本转换为艺术字，从而为幻灯片添加特殊文字效果。

图 5-2-7　插入剪贴画

1. 插入艺术字

执行"插入"|"文本"|"艺术字"命令，在其列表中选择相应的选项，并在弹出的文本框中输入文本，如图 5-2-8 所示。

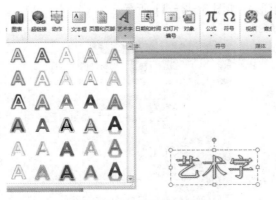

图 5-2-8　插入艺术字

另外，还可以将幻灯片中的文本转换为艺术字。选择需要转换的文本，执行"艺术字"命令，并在其列表中选择相应的选项。

2. 设置填充颜色

为了使艺术字更加美观，用户还需要像设置图片效果那样设置艺术字的填充色。

（1）纯色填充

选择艺术字，执行"格式"|"艺术字样式"|"文本填充"命令，在其列表中选择一种色块即可，如图5-2-9所示。

（2）图片填充

选择艺术字，执行"艺术字样式"|"文本填充"命令，在其列表中选择"图片"选项，并在弹出的"插入"图片对话框中选择图片文件，并单击【插入】按钮。

（3）渐变填充

选择艺术字，执行"艺术字样式"|"文本填充"命令，在其列表中选择"渐变"级联菜单中相应的选项即可。

（4）纹理填充

选择艺术字，执行"艺术字样式"|"文本填充"命令，在其列表中选择"纹理"级联菜单中相应的选项即可。

图5-2-9 纯色填充

5.2.6 绘制图形

PowerPoint 2010为用户提供了为幻灯片添加各种形状的功能，通过该功能可以在幻灯片中绘制与编辑一些简单的形状，在一定程度上增加幻灯片的动感效果。

1. 绘制矩形

① 在"插入"选项卡中，单击"插图"中的【形状】，如图5-2-10所示。

图5-2-10 插入形状

② 单击"矩形"中的 □（矩形），如图3-2-11所示。

图5-2-11 单击 □（矩形）

③ 在幻灯片上拖动光标,绘制一个矩形,如图 5 - 2 - 12 所示。

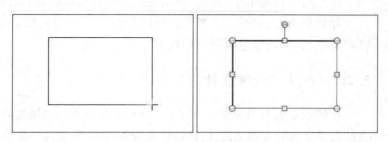

图 5 - 2 - 12　绘制矩形

绘制其他图形的方法与上述操作类似。

2. 改变图形的线条、填充颜色

PowerPoint 提供了将诸如颜色、阴影和三维效果等格式设置功能结合在一起的"快速样式"。使用快速样式可一次应用多种样式,而不仅仅是颜色。

在本例中,让我们尝试使用快速样式来更改矩形的颜色。

① 选中矩形,在"格式"选项卡的"形状样式"中,从快速样式库(样式列表)中单击 [⌄],如图 5 - 2 - 13 所示。

图 5 - 2 - 13　形状样式

随即会显示很多样式的列表,将鼠标指针移至您所喜欢的样式之上。这样就可以检查当应用样式时形状的实际显示效果。

② 选择所喜欢的样式,所选择的样式会应用到矩形中,如图 5 - 2 - 14 所示。

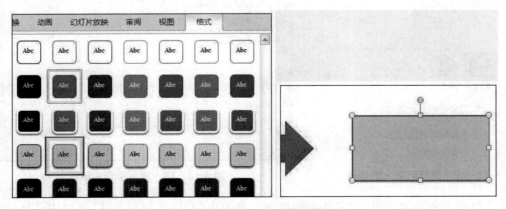

图 5 - 2 - 14　为矩形填充颜色

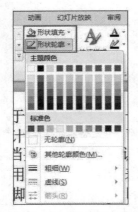

图 5 - 2 - 15　更改形状的填充颜色或线条颜色

可以只更改形状的填充颜色或线条颜色,具体方法如下。

在"格式"选项卡中,使用"形状样式"中的【形状填充】或【形状轮廓】。

如果单击按钮中带有"▼"的部分(如图 5 - 2 - 15),则会显示调色板。单击您喜欢的颜色,将该颜色应用到形状中。

5.2.7　插入音视频文件

在演示文稿中添加声音能够吸引观众的注意力和增加新鲜感。PowerPoint 2010 支持很多格式的音频文件,包括最常见的 MP3 音乐文件(MP3)、Windows 音频文件(WAV)、Windows Media Audio 文件(WMA)以及其他类型的声音文件。

1. 插入音频文件

如果要在幻灯片中添加音频,可以按照下述步骤进行操作。

① 选择需要插入声音的幻灯片。

② 执行"插入"|"媒体"|"音频"命令,在出现的菜单中选择一种插入音频的方式,如图 5 - 2 - 16 所示。

③ 此时,幻灯片中会出现一个插入声音图标和播放控制条。

④ 还可以设置音频文件播放方式,只需选中声音图标,然后在"播放"选项卡下,单击"音频选项"组中的"开始"下拉列表框右侧的向下箭头,选择一种播放方式。

⑤ 在"音频选项"组中单击【音量】按钮,在弹出的下拉列表中单击一种音量。

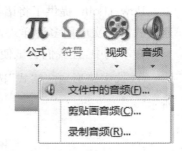

图 5 - 2 - 16　选择插入音频的方式

2. 插入视频文件

添加视频文件可以为演示文稿增添活力。视频文件包括最常见的 Windows 视频文件(AVI)、影片文件(MPG 或 MPEG)、Windows Media Video 文件(WMV)以及其他类型的视频文件。

具体步骤如下:

① 准备好视频,选中要插入视频的幻灯片。

② 单击"插入"菜单选项卡,找到"媒体"选项组中,选择【视频】,如图 5 - 2 - 17 所示。

视频可插入方式有 3 种:文件中的视频、来自网站的视频以及剪切画视频,可自己了解下各自的视频来源特色。

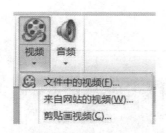

图 5 - 2 - 17　选择可插入的视频

图 5 - 2 - 18　插入视频对话框

③ 这里选择插入的视频来源于"文件中的视频",在弹出的"插入视频文件"窗口中选择视频路径,然后选中视频,单击【插入】,如图 5 - 2 - 18 所示。

④ 插入视频剪辑后，在幻灯片上显示第一帧的视频画面。双击开始播放，再单击视频就能暂停播放。如果想继续播放，再用鼠标单击一下即可。可以调节前后视频画面，也可以调节视频音量。

⑤ PowerPoint 2010 中，还可以随心所欲地选择实际需要播放的视频片段：点击"播放"选项菜单中的【剪裁视频】按钮，在"剪裁视频"窗口中可以重新设置视频文件的播放起始点和结束点，从而达到随心所欲地选择需要播放视频片段的目的。

⑥ 如果感觉视频界面不美观，可以通过拖动的方式改变视频位置，同时还可以为插入的视频设置界面，如图 5－2－19 所示。

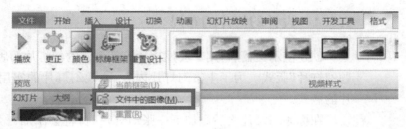

图 5－2－19　设置视频界面

5.2.8　插入 Flash 动画

Flash 动画具有小巧灵活的优点，用户可以在 PowerPoint 演示文稿中插入扩展名为". SWF"的 Flash 动画文件，以增强演示文稿的动画功能。

具体操作步骤与添加视频文件相类似。

① 选中要插入动画的幻灯片，选择"插入"|"视频"|"文件中的视频"。

② 在打开的"插入视频文件"|"文件类型"中选择"Adobe Flash Media(＊. swf)"，如图 5－2－20 所示，然后选择要插入的动画文件。

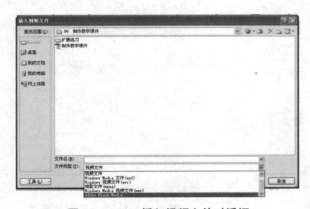 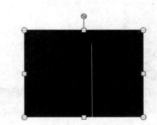

图 5－2－20　插入视频文件对话框　　　　**图 5－2－21　幻灯片上显示的 Flash 动画**

③ 此时，幻灯片上会出现一块黑色矩形，即 Flash 动画，如图 5－2－21 所示。

课堂练习：设计并制作电子相册

本实例将通过制作电子相册来巩固与扩展本节所学的知识，在制作过程中主要涉及以下内容：

① 插入图片并调整图片格式；

② 插入艺术字；

③ 绘制图形；

④ 插入音视频文件。

5.3　美化演示文稿

一个好的演示文稿应该具有一致的外观风格,这样才能产生良好的效果。PowerPoint 的一大特色就是可以使演示文稿中的幻灯片具有一致的外观。本章将介绍母版的使用、主题的使用、幻灯片背景的设置与模板的创建等,使用户更容易控制演示文稿的外观。

5.3.1　设计幻灯片的布局

创建演示文稿后,用户会发现所有新创建的幻灯片的版式都被默认为"标题幻灯片"版式。为了丰富幻灯片内容,体现幻灯片的实用性,需要设置幻灯片的版式。

在标题幻灯片之后添加下一张幻灯片时,将会添加一张版式适于输入演示文稿内容的幻灯片。如有必要,可将此版式更改为另一个版式。

① 单击"开始"选项卡"幻灯片"中的【新建幻灯片】,如图 5-3-1 所示。

图 5-3-1　新建幻灯片

② 幻灯片添加在标题幻灯片之后,可以在相应的占位符中输入标题和内容,如图 5-3-2 所示。

③ 更改添加的幻灯片的版式时,单击"开始"选项卡"幻灯片"中的【版式】,然后单击合适的版式,如图 5-3-3 所示。

图 5-3-2　在占位符中输入标题和内容

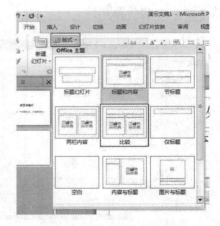

图 5-3-3　选择幻灯片版式

5.3.2　设置幻灯片背景

一个好的演示文稿要吸引人,不仅需要内容充实、明确,外表的装潢也很重要。例如幻灯片的背景选择漂亮有趣或清新淡雅的背景图片,能把演示文稿包装得创意和好看。那么如何设置背景呢? 怎么制作背景图片呢?

1. 添加背景

① 在打开的 PPT 文档中,右击任意 PPT 幻灯片页面的空白处,选择"设置背景格式";或者单击"设计"选项卡,选择右边的"背景样式"中的"设置背景格式"。

② 在弹出的"设置背景格式"窗口中,如图 5-3-4 所示,选择左侧的"填充",就可以看到有"纯色填充"、"渐变填充"、"图片或纹理填充"、"图案填充"4 种填充模式,在幻灯片中不仅可以插入自己喜爱的图片背景,而且还可以将背景设为纯色或渐变色。

图 5-3-4　设置背景格式

图 5-3-5　设置背景图片

③ 插入漂亮的背景图片。

选择"图片或纹理填充",如图 5-3-5 所示。在"插入自"有两个按钮:一个是自【文件】,可选择来自本机存备的背景图片;一个是自【剪切画】,可搜索来自"office.com"提供的背景图片(需联网)。

单击【文件】按钮,弹出对话框"插入图片",如图 5-3-6 所示,选择图片的存放路径,选择后按【插入】即可插入准备好的背景图片。

图 5-3-6　选择背景图片

图 5-3-7　设置背景格式

之后回到"设置背景格式"窗口中,之前的步骤只是为本张幻灯片插入了背景图片,如果想要全部幻灯片应用同张背景图片,就单击"设置背景格式"窗口中右下角的【全部应用】按钮,如图 5-3-7。

2. 修改背景

在网上下载的 PPT 模板有时候会有其他公司的 LOGO 或者水印图片背景、文字等信息,应该如何将其修改成自己的信息呢? 有时候直接更换图片或者修改背景行不通,这时必须要进入"幻灯片母板"模式来修改。具体操作如下。

进入"视图"选项卡,单击【幻灯片母板】,如图 5-3-8 所示,此时,就可以对模板中的内容进行修改、编辑、删除。

图 5-3-8　修改母板背景

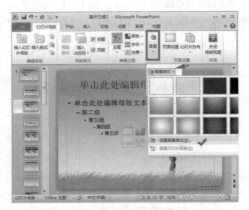

图 5-3-9　选择母板的背景格式

修改的时候，鼠标点击在"幻灯片母版"选项中的"背景"|"背景样式"的"设置背景格式"，就如同添加背景图片那样操作修改就行了，如图 5-3-9 所示。修改完毕后，返回到"幻灯片母版"选项卡中，单击【关闭母板视图】即可。

5.3.3　选择幻灯片主题

PowerPoint 中提供了很多模板，它们将幻灯片的配色方案、背景和格式组合成各种主题。这些模板称为"幻灯片主题"。通过选择"幻灯片主题"并将其应用到演示文稿，用户可以制作所有幻灯片均与相同主题保持一致的设计。

单击"设计"选项卡上"主题"中的幻灯片主题，选择需要的主题，如图 5-3-10 所示。

图 5-3-10　幻灯片主题

图 5-3-11　更多幻灯片主题

通过在 <input>（【主题】）中单击，可以滚动浏览可用主题的列表。此外，当单击 <input>（【更多】按钮）时，将会显示所有的可用幻灯片主题，如图 5-3-11 所示。

5.3.4　设置母版

幻灯片母版是存储关于模板信息设计模板的一个元素，这些模板信息包括字形、占位符大小、位置、背景设计和配色方案。PowerPoint 2010 演示文稿中的每一个关键组件都拥有一个母版（如幻灯片、备注和讲义）。母版是一类特殊的幻灯片，幻灯片母版控制了某些文本特征（如字体、字号、字型和文本的颜色），还控制了背景色和某些特殊效果（如阴影和项目符号样式），包含在母版中的图形及文字将会出现在每一张幻灯片及备注中。所以，如果在一个演示文稿中使用幻灯片母版的功能，就可以做到整个演示文稿格式统一，可以减少工作量，提高工作效率。

使用母版功能可以更改以下 4 个方面的设置：

① 标题、正文和页脚文本的字形；

② 文本和对象的占位符位置；

③ 项目符号样式；

④ 背景设计和配色方案。

幻灯片母版的目的是对幻灯片进行全局更改（如替换字形），并使该更改应用到演示文稿中的所有幻灯片。

可以像更改任何幻灯片一样更改幻灯片母版，幻灯片母版中各占位符的功能如下。

① 自动版式的标题区：用于设置演示文稿中所有幻灯片的标题文字格式、位置和大小。

② 自动版式的对象区：用于设置幻灯片的所有对象的格式，以及各级文本的文字格式、位置、大小及项目符号的格式。

③ 日期区：用于给演示文稿中的每一张幻灯片自动添加日期，并决定日期的位置、日期文本的格式。

 课堂练习：制作精美的"求职流程"演示文稿

本实例将设计"求职流程"演示文稿，在制作过程中主要涉及以下内容：

① 为"求职流程"设置一组新的母版；

② 根据制作需要采用不同的幻灯片版式；

③ 为母版添加 Logo 标志；

④ 设置母版格式；

⑤ 选择幻灯片主题；

⑥ 设置幻灯片背景。

5.4　制作动感活力的演示文稿

PPT 演示文稿幻灯片不仅需要内容条理充实，演示的时候如果是动态的 PPT 会让这个幻灯片更加优质。PPT 动画是演示文稿的精华，PPT 怎么做动画？ 如何制作 PPT 动画？ 本节来学习如何制作动感活力的演示文稿。

5.4.1　设置幻灯片的切换效果

幻灯片的切换是指从一张幻灯片变换到另一张幻灯片的过程，是向幻灯片添加视觉效果的另一种方式，也称为换页。如果没有设置幻灯片切换效果，则放映时单击鼠标切换到下一张，而幻灯片切换效果是在演示期间从一张幻灯片移到下一张幻灯片在幻灯片放映时出现的动画效果，可以控制切换效果的速度、添加声音，甚至还可以对切换效果的属性进行自定义。

1. 向幻灯片添加切换效果

① 在包含"大纲"和"幻灯片"选项卡的窗格中，单击"幻灯片"选项卡，如图 5-4-1 所示。

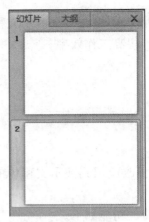

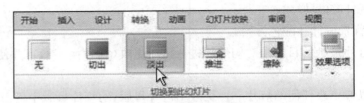

图 5－4－1　选择幻灯片　　　　　　图 5－4－2　选择幻灯片切换效果

② 选择要向其应用切换效果的幻灯片缩略图。

③ 在"切换"选项卡的"切换到此幻灯片"组中,单击要应用于该幻灯片的幻灯片切换效果,如图 5－4－2 所示。

④ 若要查看更多切换效果,则单击【其他】按钮 ▼。

向演示文稿中的所有幻灯片应用相同的幻灯片切换效果:执行以上②到④,然后在"切换"选项卡的"计时"组中,单击【全部应用】。

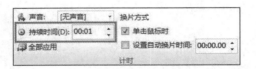

图 5－4－3　幻灯片效果计时

2. 设置切换效果的计时

若要设置上一张幻灯片与当前幻灯片之间切换效果的持续时间,执行下列操作:

在"切换"选项卡上"计时"组中的"持续时间"框中,键入或选择所需的速度,如图 5－4－3 所示。

若要指定当前幻灯片在多长时间后切换到下一张幻灯片,则采用下列步骤之一:

● 若要在单击鼠标时换幻灯片,在"切换"选项卡的"计时"组中,选择"单击鼠标时"复选框。

● 若要在经过指定时间后切换幻灯片,请在"切换"选项卡的"计时"组中,在后框中键入所需的秒数。

3. 向幻灯片切换效果添加声音

① 在包含"大纲"和"幻灯片"选项卡的窗格中,单击"幻灯片"选项卡。

② 选择要向其添加声音的幻灯片缩略图。

③ 在"切换"选项卡的"计时"组中,单击【声音】旁的箭头,如图 5－4－4 所示,然后执行下列操作之一:

图 5－4－4　幻灯片切换效果添加声音

● 若要添加列表中的声音,选择所需的声音。

● 若要添加列表中没有的声音,选择"其他声音",找到要添加的声音文件,然后单击【确定】。

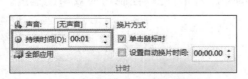

图 5－4－5　幻灯片切换效果计时

4. 设置切换效果的计时

① 在普通视图中的"幻灯片"选项卡上,单击要为其切换效果设置计时的幻灯片的缩略图。

② 在"切换"选项卡上"计时"组中的"持续时间"框中,键入或选择所需的速度,如图 5－4－5 所示。

若要指定当前幻灯片在多长时间后切换到下一张幻灯片,则采用下列步骤之一:

● 在单击鼠标时切换幻灯片:在"切换"选项卡上的"计时"组中,选中"单击鼠标时"复选框。

● 在指定时间切换幻灯片:在"切换"选项卡上的"计时"组之后框中,输入所需的秒数。

5. 删除切换效果

① 在包含"幻灯片"选项卡和"大纲"选项卡的窗格中,选择"幻灯片"选项卡。

② 在普通视图中的"幻灯片"选项卡上,单击要删除其切换效果的幻灯片的缩略图。

③ 在"切换"选项卡上的"切换到此幻灯片"组中,单击【无】。

从演示文稿所有幻灯片中删除幻灯片切换效果:重复上面的②到③,然后在"切换"选项卡上的"计时"组中,单击【全部应用】。

5.4.2　自定义动画

动画效果是 PowerPoint 2010 中最吸引人的地方,前面所作的演示文稿都是静态的,如果只让观众看一些静止的文字,时间长了就会让人昏昏欲睡,PowerPoint 2010 中有以下 4 种不同类型的动画效果。

① "进入"效果。例如,可以使对象逐渐淡入焦点、从边缘飞入幻灯片或者跳入视图中。

② "退出"效果。这些效果包括使对象飞出幻灯片、从视图中消失或者从幻灯片旋出。

③ "强调"效果。这些效果的示例包括使对象缩小或放大、更改颜色或沿着其中心旋转。

④ 动作路径。使用这些效果可以使对象上下移动、左右移动或者沿着星形或圆形图案移动。

当然,你可以单独使用任何一种动画,也可以将多种效果组合在一起。例如,可以对一个文本应用"强调"进入效果及"陀螺旋"强调效果,使它旋转起来。

在 PowerPoint 2010 中,可以利用"动画"添加任意动画效果,并且可以自定义动画效果。

1. 幻灯片自定义动画设置

点击一个幻灯片里面的对象,单击选项"动画"|"添加动画"|"进入"或"更多进入效果",就可以看到有多种"进入"的动画方案,基本型、细微型、温和型、华丽型,如图 5-4-6 所示,选择一种动画方案即可。

图 5-4-6　动画效果　　　　　　　　　图 5-4-7　动画顺序排序

2. 给 PPT 设置"强调"、"退出"动画

这两个动画制作操作步骤与"进入"动画无差异,选择"动画"|"添加动画"|"强调"或"退出",选择动画方案。如果想知道一个文字或图片对象设置了什么动画,可以单击【动画窗格】按钮,在打开的动画窗格可对动画的顺序进行排序,如图 5-4-7 所示。

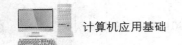

3. 设置"自定义动画路径"

如果对系统内置的动画路径不满意,可以自定义动画路径。选中需要设置动画的对象(如一张图片),单击【添加动画】,选择"动作路径"或"其他动作路径",选中其中的某个路径选项,如("自定义路径"),如图5-4-8所示。

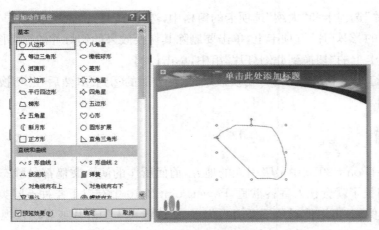

图5-4-8　添加动作路径

此时,鼠标变成细"十"字线状,根据需要在幻灯片工作区中描绘,在需要变换方向的地方单击一下鼠标。全部路径描绘完成后,双击鼠标即可。

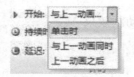

图5-4-9　设置动画
自动播放

4. 设置对象的动画自动播放

在"动画窗格"中选中一个动画,将"动画"选项组的"计时"中的"开始"设置为"与上一个动画同时"或者"上一动画之后",如图5-4-9所示。如果该幻灯片本次的页面都需要自动播放,选中一个动画的同时,按键盘上的[Ctrl]键或者[shift]键,将所有的动画全选,然后也可以修改"开始"的设置。

5. 动画也可以调节时间以及延迟动画的播放时间

在"动画"选项组的"计时"中有个"持续时间"和"延迟",可以指定动画播放的长度以及经过多少秒播放时间,一般设置的格式"01.00"代表1秒,如图5-4-10所示。

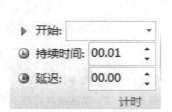

图5-4-10　调节时针以及延迟动画播放时间

图5-4-11　PPT动画细节的设置

6. 对于PPT动画细节的设置

在动画窗格中右击某个动画,选择"效果选项"|"效果",如图5-4-11所示,这里可以设置动画的动

画方向,也可以设置动画播放时配合的声音(声音可以试听),更多的细节需要自己去尝试才知道。

5.4.3　使用超链接

所谓超链接是指将幻灯片中的某些对象(包括文本、图形、表格、图片或动作按钮等)设置成特定的热对象(也称热物体),演示文稿时,只要鼠标移过或单击这些热对象就可跳转到指定的幻灯片、另一份演示文稿、某一音频和视频片断,或激活某一应用程序,甚至打开 Internet 上的某一主页,大大增强了演示文稿的交互性、灵活性和趣味性。超链接由超链接的源和超链接的目标两个部分组成。创建一个超链接,事实上就是建立两者的链接关系。

用 PowerPoint 制作的演示文稿在播放时,默认情况下是按幻灯片的先后顺序放映,不过,完全可以在幻灯片中设计一种链接方式,使得单击某一对象时能够跳转到预先设定的任意一张幻灯片、其他演示文稿、Word 文档、其他文件或 Web 页。

创建超级链接时,起点可以是幻灯片中的任何对象(文本或图形等),激活超级链接的动作可以是"单击鼠标"或"鼠标移过",还可以把两个不同的动作指定给同一个对象。例如,使用单击激活一个链接,使用鼠标移动激活另一个链接。

如果文本在图形之中,可分别为文本和图形设置超级链接,代表超级链接的文本会添加下划线,并显示配色方案指定的颜色,从超级链接跳转到其他位置后,颜色就会改变,这样就可以通过颜色来分辨访问过的链接。

通过超级链接可以使演示文稿具有人机交互性,大大提高其表现能力,被广泛应用于教学、报告会、产品演示等方面。

在幻灯片中添加超级链接有两种方式:设置动作按钮和通过将某个对象作为超级链接点建立超级链接。

① 打开 PowerPoint 2010,选中要添加超链接的文本或者图像。然后切换到功能栏中的"插入"选项,在"链接"选项中点击【超链接】按钮,如图 5 - 4 - 12 所示。

图 5 - 4 - 12　插入超链接

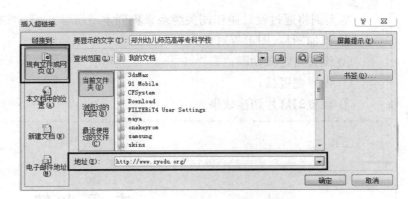

图 5 - 4 - 13　编辑超链接

② 弹出"编辑超链接"窗口,如果要添加网页超链接,则点击"现有文件或网页"在"地址"中输入地址,如图 5 - 4 - 13 所示。

③ 如果要跳转到某一张 PPT 幻灯片,则可以点击"本文档中的位置"选项,选择要跳转的幻灯片,如图 5 - 4 - 14 所示。

④ 若是要链接到邮箱,就可以在"电子邮箱地址"中输入自己的电子邮箱,如图 5 - 4 - 15 所示。

⑤ 设置完后,按【确认】按钮,此时点击添加过超链接的图片,就会链接到相应的位置。

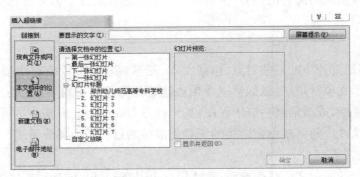

图 5 - 4 - 14　编辑超链接

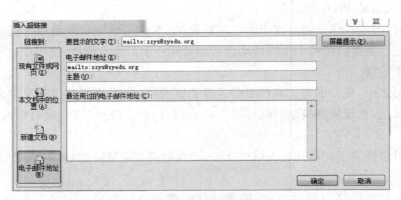

图 5 - 4 - 15　编辑超链接

课堂练习：制作闯关游戏

本实例将通过设计制作闯关游戏来巩固本节所学知识。实例将涉及以下知识点：

① 添加图片、图形等对象；

② 设置自定义动画；

③ 设置超链接；

④ 设置幻灯片切换效果。

本 章 小 结

　　本章从 PowerPoint 2010 基础知识入手，全面介绍了 PowerPoint 2010 面向应用的知识体系。制作一个 PowerPoint 2010 演示文稿的一般流程如下：新建演示文稿→添加特定版式的幻灯片→输入幻灯片内容（文字、图形或表格）→调整文字格式、图片位置和艺术效果→添加多媒体资源→添加幻灯片切换效果、设置对象动画效果→准备演讲材料→播放前排练→播放幻灯片。

习　题

一、选择题

1. 在 PowerPoint 2010 的幻灯片浏览视图下，不能完成的操作是_____。
   A．调整个别幻灯片位置　　　　　　　　B．删除个别幻灯片
   C．编辑个别幻灯片内容　　　　　　　　D．复制个别幻灯片

2. 在 PowerPoint 2010 中，对于已创建的多媒体演示文档可以用_____命令转移到其他未安装 PowerPoint 2010 的机器上放映。
   A．文件/打包　　　　　　　　　　　　　B．文件/发送
   C．复制　　　　　　　　　　　　　　　　D．幻灯片放映/设置幻灯片放映

3. 在 PowerPoint 2010 中，"开始"菜单中的_____命令可以用来改变某一幻灯片的布局。
   A．绘图　　　　　　B．幻灯片版式　　　　C．幻灯片配色方案　　　D．字体

4. PowerPoint 2010 中，有关幻灯片母版中的页眉和页脚，下列说法错误的是_____。
   A．页眉或页脚是加在演示文稿中的注释性内容
   B．典型的页眉/页脚内容是日期、时间以及幻灯片编号
   C．在打印演示文稿的幻灯片时，页眉/页脚的内容也可打印出来
   D．不能设置页眉和页脚的文本格式

5. PowerPoint 2010 中，在浏览视图下，按住[Ctrl]键并拖动某幻灯片，可以完成_____操作。
   A．移动幻灯片　　　　B．复制幻灯片　　　　C．删除幻灯片　　　　D．选定幻灯片

6. 如要终止幻灯片的放映，可直接按_____键。
   A．[Ctrl]+[C]　　　B．[Esc]　　　　　C．[End]　　　　　D．[Alt]+[F4]

7. PowerPoint 2010 中，在_____视图中用户可以看到画面变成上下两半，上面是幻灯片，下面是文本框，可以记录演讲者讲演时所需的一些提示重点。
   A．备注页视图　　　　B．浏览视图　　　　C．幻灯片视图　　　　D．黑白视图

8. PowerPoint 2010 中，有关幻灯片母版的说法中错误的是_____。
   A．只有标题区、对象区、日期区、页脚区　　B．可以更改占位符的大小和位置
   C．设置占位符的格式　　　　　　　　　　D．可以更改文本格式

9. 一个 PowerPoint 2010 演示文稿是由若干个_____组成。
   A．幻灯片　　　　B．图片和工作表　　　　C．Office 文档和动画　　D．电子邮件

10. PowerPoint 2010 的超链接可以使幻灯片播放时自由跳转到_____。
    A．某个 Web 页面　　　　　　　　　　　B．演示文稿中某一指定的幻灯片
    C．某个 Office 文档或文件　　　　　　　D．以上都可以

11. 在空白幻灯片中不可以直接插入_____。
    A．文本框　　　　　　B．超链接　　　　　　C．艺术字　　　　　　D．Word 表格

12. 在演示文稿中，在插入超级链接中所链接的目标，不能是_____。
    A．另一个演示文稿　　　　　　　　　　　B．同一演示文稿的某一张幻灯片
    C．其他应用程序的文档　　　　　　　　　D．幻灯片中的某个对象

二、填空题

1. PowerPoint 2010 演示稿的扩展名是_____。

2. 在一个演示文稿中_____（选填"能"或"不能"）同时使用不同的模板。

3. 幻灯片删除可以通过快捷键_____或_____菜单下的"删除幻灯片"命令。

4. 新幻灯片的放映方式分为人工放映方式和_____。

5. PowerPoint 2010 中，在浏览视图下，按住[Ctrl]键并拖动某幻灯片，可以完成_____操作。

6. 如要终止幻灯片的放映，可直接按_____键。

7. PowerPoint 2010 中，插入图片操作在插入下拉菜单中选择_____按钮。

8. 使用_____下拉菜单中的"背景"命令改变幻灯片的背景。

9. PowerPoint 2010 中，用文本框在幻灯片中添加文本时，在"插入"菜单中应选择_____项。

三、简述题

1. 简述 PowerPoint 2010 应用领域的具体方面。

2. 为幻灯片插入图片后，如何为图片设置特殊形状的外观？

3. 如何为幻灯片中的动作添加声音？

第6章
计算机网络基础

计算机网络是计算机技术和通信技术结合的产物,它的产生使计算机体系结构发生了巨大变化。计算机网络现已成为我们生活中不可缺少的一部分,它将世界连成一个不可分割的整体。本章将重点讨论计算机网络的基本概念、计算机网络的结构组成、计算机网络的分类、计算机网络技术的发展趋势、计算机网络安全和网络道德规范等内容。

6.1 计算机网络基本概述

6.1.1 计算机网络的概念

计算机网络就是利用通信设备和线路将地理位置不同、功能独立的多个计算机系统连接起来,以功能完善的网络软件实现网络的硬件、软件及资源共享和信息传递的系统。简单地说就是连接两台或多台计算机进行通信的系统。把计算机连接成网络的主要目的是相互通信和资源共享。

6.1.2 计算机网络的形成和发展

计算机网络从出现至今主要经历了4个发展阶段:远程终端联机阶段、计算机—计算机网络阶段、开放式标准化网络阶段、国际互联网与信息高速公路阶段。

1. 第一阶段:远程终端联机阶段

第一代计算机网络始于20世纪50年代,那时人们将彼此独立发展的计算机技术与通信技术结合起来,完成了数据通信与计算机通信网络的研究,为计算机网络的出现做好了技术准备,奠定了理论基础。

如图6-1-1所示,面向终端的计算机网络就是通过通信线路将分布于不同地点的终端相互连的远程计算机系统。终端不具备处理功能,面向终端的计算机网络提出并使用了计算机通信的许多基本技术,

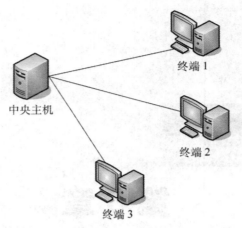

图 6-1-1　面向终端的计算机网络

它已具备计算机网络的雏形。

2. 第二代阶段：计算机—计算机网络阶段

美苏冷战期间，美国国防部领导的远景研究规划局(ARPA)提出要研制一种全新的网络用来对付来自前苏联的核攻击威胁。世界上第一个远程分组交换网 ARPANet 由此建立。ARPANet 的建立标志着计算机网络的兴起，并为 Internet 的形成奠定了基础。

3. 第三阶段：开放式标准化网络阶段

随着 ARPANet 的建立，各个国家甚至大公司都建立了自己的网络。由于各自的网络体系结构不同，协议也不一致，导致不同体系的网络难以实现互联。因此，国际标准化组织(ISO)和国际电报电话咨询委员会(CCITT)联合制定了 OSI 模型，即开放式通信系统互联参考模型，为开放式互连信息系统提供了一种功能结构的框架。OSI 模型将网络分成 7 层，从低到高分别是：物理层、数据链路层、网络层、传输层、会话层、表示层和应用层。

开放式标准化网络最为著名的例子就是 Internet，它是在 ARPANet 基础上经过改造逐步发展起来的。任何计算机，只要遵循 TCP/IP 协议并申请到 IP 地址，就可以接入 Internet。

4. 第四阶段：国际互联网与信息高速公路阶段

20 世纪 90 年代以来，随着计算机网络技术的迅猛发展，尤其是 1993 年美国建立国家信息基础设施(National Information Infrastructure，NII)后，全世界许多国家都纷纷制定和建立本国的 NII，从而极大地推动了计算机网络技术的发展，使计算机网络的发展进入一个崭新的阶段，这就是计算机网络互联与高速网络阶段。这个阶段计算机网络的主要特点是综合化和高速化。

目前，全球以 Internet 为核心的高速计算机互联网络已经形成，Internet 已经成为人类最大、最重要的知识宝库。

6.1.3　计算机网络的功能

不同的计算机网络可以有不同的功能，其主要功能有以下 4 种。

1. 资源共享

资源共享是计算机网络最主要的功能，所谓的资源是指构成系统的所有要素，包括软硬件资源，如：计算处理能力、大容量磁盘、打印机、通信线路、数据库、文件和其他计算机上的有关信息。由于受经济和其他因素的制约,某资源并非所有用户都能够独立拥有。网络上的计算机不仅可以使用自身的资源,也可以使用网络上的资源,从而提高了计算机软硬件的利用率。如图 6-1-2 所示是多个用户共享一台打印机的例子。

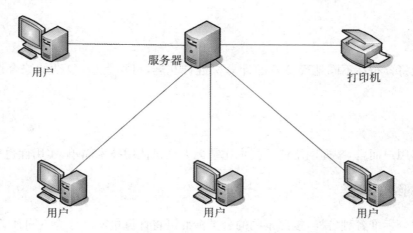

图 6-1-2　多个用户共享一台打印机

2. 信息交换

信息交换是计算机网络最基本的功能,主要完成计算机网络中各个节点之间的系统通信。用户可以在网上发送电子邮件、发布信息、进行网络购物、远程教育等。

3. 分布式处理与控制

分布式处理与控制就是可以将一项复杂的任务划分成许多部分,由网络内各计算机分别协作并行完成有关部分,使整个系统的性能大为增强,从而负载均衡、提高效率。

4. 提高系统可靠性

计算机连成网络后,网络中的设备可以相互备份,重要的数据可以存储在网络上不同的计算机中,当某些数据损坏或设备故障时可以由其他设备代替工作或在其他计算机中找到数据副本。

6.1.4　计算机网络的特点

1. 可靠性

在网络系统中,当某一台设备出现故障时,可由系统中的另一台设备来代替其完成所承担的任务。同样,当网络的一条链路出了故障时可选择其他的链路进行连接。

2. 高效性

计算机网络信息传递迅速,系统实时性强。网络系统中各相连的计算机能够相互传送数据信息,物理距离很远的用户之间能够即时、快速、高效、直接地交换数据。

3. 独立性

计算机网络系统中各相连的计算机是相对独立的,它们之间的关系既互相联系,又相互独立。

4. 扩充性

在计算机网络系统中,人们能够很方便、灵活地接入新的计算机,从而达到扩充网络系统功能的目的。

5. 廉价性

计算机网络使微机用户也能够分享到大型机的功能特性,充分体现了网络系统的"群体"优势,能节省投资和降低成本。

6. 分布性

计算机网络能将分布在不同地理位置的计算机进行互连,可将大型、复杂的综合性问题实行分布式处理。

7. 易操作性

对计算机网络用户而言,掌握网络使用技术比掌握大型机使用技术简单,实用性也很强。

6.1.5 计算机网络的分类

网络类型的划分标准各种各样,按照不同的分类标准可将计算机网络分为不同种类。

1. 按网络覆盖范围分类

从网络覆盖范围划分是一种大家都认可的通用网络划分标准。按这种标准可以把各种网络类型划分为局域网、城域网和广域网。不过在此要说明的是这里的网络划分并没有严格意义上地理范围的区分,只能是一个定性的概念。

(1)局域网(Local Area Network,LAN)

常见的"LAN"就是指局域网,这是最为常见、应用最广的一种网络。所谓局域网,就是在局部地区范围内的网络,它所覆盖的地区范围较小。局域网在计算机数量配置上没有太多的限制,少的可以只有两台,多的可达几百台。一般来说在企业局域网中,计算机的数量在几十到上百台左右。局域网地理距离上一般来说可以是几米至10千米以内。现在局域网随着整个计算机网络技术的发展和提高得到充分普及,几乎每个单位都有自己的局域网,甚至有的家庭中都有自己的小型局域网。局域网的特点就是连接范围小、用户数少、配置容易、连接速率高。目前局域网最快的速率是现今的万兆以太网。图6-1-3就是一个局域网的实例。

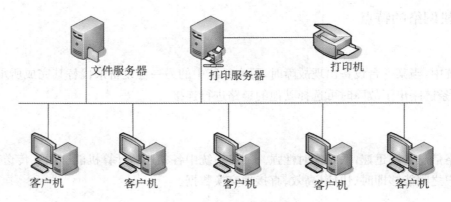

图6-1-3　局域网实例

(2)城域网(Metropolitan Area Network,MAN)

这种网络一般来说是在一个城市,但不在同一地理范围内的计算机互连。这种网络的连接距离可以在10~100千米。城域网与局域网相比,扩展的距离更长,连接的计算机数量更多,在地理范围上可以说是局域网的延伸。在一个大型城市或都市地区,一个城域网网络通常连接着多个局域网。如连接政府机构的局域网、医院的局域网、电信的局域网、公司企业的局域网等。由于光纤连接的引入,使城域网中高速的局域网互联成为可能。如图 6-1-4 所示就是一个城域网的实例。

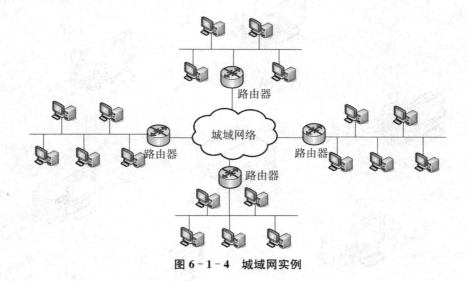

图 6-1-4 城域网实例

（3）广域网（Wide Area Network，WAN）

广域网又称远程网，是指在一个很大地理范围（从数百千米到数千千米，甚至上万千米）由许多局域网组成的网络。它将分布在不同地区的局域网或计算机系统互联起来，达到资源共享的目的。比如互联网就是世界范围内最大的广域网。如图 6-1-5 所示就是一个广域网的实例。

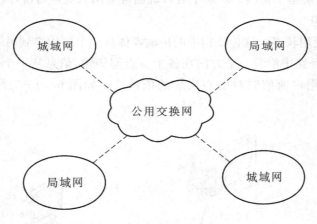

图 6-1-5 广域网实例

2. 按网络拓扑结构分类

根据网络的拓扑结构分类，可以分为星型拓扑结构、环型网络拓扑结构、总线拓扑结构、树型拓扑结构、网状拓扑结构。

（1）星型拓扑结构

星型结构是最古老的一种连接方式，大家每天都使用的电话就属于这种结构。目前一般网络环境都被设计成星型拓扑结构。星型网是目前广泛而又首选使用的网络拓扑设计之一。

星型结构是指各工作站以星型方式连接成网。网络有中央节点，其他节点（工作站、服务器）都与中央节点直接相连，这种结构以中央节点为中心，因此又称为集中式网络。如图 6-1-6 所示就是一个星型网络的实例。

星型拓扑结构便于集中控制，因为用户之间的通信必须经过中心站。由于这一特点，也带来了易于维护和安全等优点。用户设备因为故障而停机时也不会影响其他端用户间的通信。同时星型拓扑结构的网

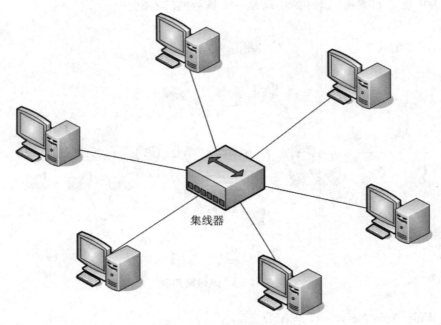

图 6-1-6 星型网络实例

络延迟时间较小,传输误差较低。但这种结构非常不利的一点是中心系统必须具有极高的可靠性,因为中心系统一旦损坏,整个系统便趋于瘫痪。对此中心系统通常采用双机热备份,以提高系统的可靠性。

(2) 环型网络拓扑结构

环型结构在 LAN 中使用较多。这种结构中的传输媒体从一个端用户到另一个端用户,直到将所有的端用户连成环型。数据在环路中沿着一个方向在各个节点间传输,信息从一个节点传到另一个节点。这种结构显而易见消除了端用户通信时对中心系统的依赖性。如图 6-1-7 所示就是一个环型网络的实例。

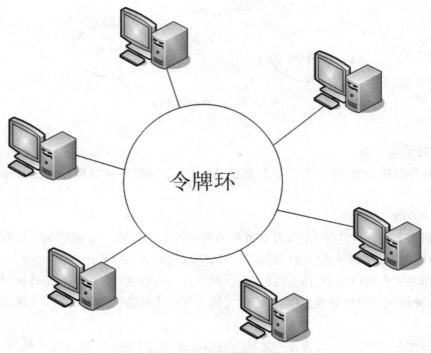

令牌环

图 6-1-7 环型网络实例

环行结构的特点是:每个用户都与两个相临的用户相连,因而存在着点到点链路,但总是以单向方式操作;信息流在网中是沿着固定方向流动的,两个节点仅有一条道路,简化了路径选择的控制;在环行结构中,当环中节点过多时,势必影响信息传输速率,使网络的响应时间延长;环路是封闭的,不便于扩充;可靠性低,一个节点故障,将会造成全网瘫痪;维护难,对分支节点故障定位较难。

　　(3) 总线拓扑结构

　　总线结构是使用同一媒体或电缆连接所有端用户的一种方式,也就是说,连接端用户的物理媒体由所有设备共享,各工作站地位平等,无中央节点控制,其传递方向总是从发送信息的节点开始向两端扩散,如同广播电台发射的信息一样,因此又称广播式计算机网络。各节点在接受信息时都进行地址检查,看是否与自己的工作站地址相符,相符则接收网上的信息。如图 6-1-8 所示就是一个总线型网络的实例。

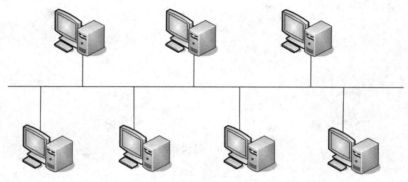

图 6-1-8　总线型网络实例

　　总线拓扑结构具有费用低、数据端用户入网灵活、站点或某个端用户失效不影响其他站点或端用户通信的优点。缺点是一次仅能一个端用户发送数据,其他端用户必须等待到获得发送权;媒体访问获取机制较复杂;维护难,分支节点故障查找难。尽管有上述缺点,但由于布线要求简单,扩充容易,所以总线拓扑结构是 LAN 技术中使用最普遍的一种。

　　(4) 树型拓扑结构

　　树型结构是分级的集中控制式网络,与星型相比,它的通信线路总长度短,成本较低,节点易于扩充,寻找路径比较方便,但除了叶节点及其相连的线路外,任一节点或其相连的线路故障都会使系统受到影响。如图 6-1-9 所示就是一个树型网络的实例。

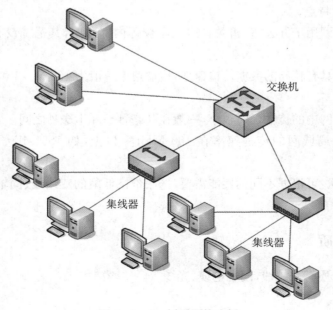

交换机

集线器

集线器

图 6-1-9　树型网络实例

(5) 网状拓扑结构

网状拓扑结构主要指各节点通过传输线互联连接起来,并且每一个节点至少与其他两个节点相连。网状拓扑结构具有较高的可靠性,但其结构复杂,实现起来费用较高,不易管理和维护,不常用于局域网。如图6-1-10所示就是一个网状网络的实例。

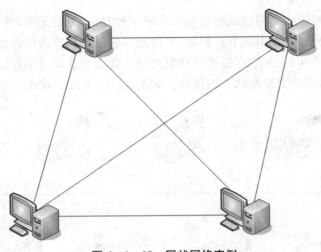

图6-1-10 网状网络实例

6.2 局域网技术

局域网是指在某一区域内由多台计算机互连成的计算机组。某一区域指的是同一办公室、同一建筑物、同一公司和同一学校等,一般是方圆几千米以内。局域网可以实现文件管理、应用软件共享、打印机共享、扫描仪共享、工作组内的日程安排、电子邮件和传真通信服务等功能。局域网严格意义上是封闭型的,可以由办公室内的多至上千台计算机组成。

6.2.1 局域网的特点

局域网具有以下5个特点。

① 地域范围小:局域网用于办公室、机关、工厂、学校等内部联网,其范围没有严格的定义,但一般认为距离为0.1～25千米。

② 误码率低:局域网具有较高的数据传输速率,传输速率一般为100 M～1 000 Mbit/s,误码率在10-8～10-11之间。

③ 传输延时小:局域网中的传输延时很小,一般在几毫秒～几十毫秒之间。

④ 传输速率高:目前局域网的传输速率在100 Mbit/s以上,如155 Mbit/s, 655 Mbit/s, 1 Gbit/s, 10 Gbit/s等。

⑤ 支持多种传输介质:可根据不同的性能需要,选用价格低廉的双绞线、同轴电缆或价格较贵的光纤以及无线传输介质。

6.2.2 局域网传输介质

局域网常用的传输介质有双绞线、同轴电缆、光缆等。

1. 双绞线

双绞线（Twisted Pair）是最普通的传输介质，如图 6-2-1 所示，它由两根绝缘的金属导线扭在一起而成，通常还把若干对双绞线对（2 对或 4 对），捆成一条电缆并以坚韧的护套包裹着，每对双绞线合并作一根通信线使用，以减小各对导线之间的电磁干扰。

双绞线分为有屏蔽双绞线（STP）和无屏蔽双绞线（UTP）。有屏蔽双绞线外面环绕一圈金属屏蔽保护膜，可以减少信号传送时所产生的电磁干扰，但是相对来讲价格较贵。

双绞线常见的有 3 类线、5 类线和超 5 类线，以及 6 类线。目前综合布线工程中最常用的传输介质是 5 类线。

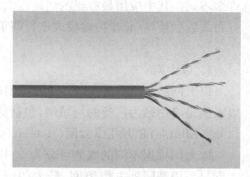

图 6-2-1　双绞线

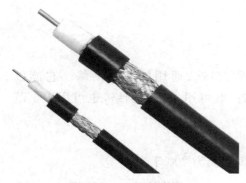

图 6-2-2　同轴电缆

2. 同轴电缆

同轴电缆（Coaxial）是指有两个同心导体，而导体和屏蔽层又共用同一轴心的电缆，如图 6-2-2 所示。

同轴电缆根据其直径大小可以分为粗同轴电缆与细同轴电缆。粗同轴电缆缆适用于比较大型的局部网络，它的标准距离长，可靠性高。由于安装时不需要切断电缆，因此可以根据需要灵活调整计算机的入网位置，但粗缆网络必须安装收发器电缆，安装难度大，所以总体造价高。相反，细缆安装则比较简单，造价低，但由于安装过程要切断电缆，两头须装上基本网络连接头（BNC），然后接在 T 型连接器两端，所以当接头多时容易产生不良的隐患，这是目前运行中的以太网所发生的最常见故障之一。

3. 光缆

光缆（Optical fiber cable）主要是由光导纤维（细如头发的玻璃丝）和塑料保护套管及塑料外皮构成，光缆内没有金、银、铜等金属，一般无回收价值。如图 6-2-3 所示，光缆是一定数量的光纤按照一定方式组成缆心，外包有护套，有的还包覆外护层，用以实现光信号传输的一种通信线路。

光缆是数据传输中最有效的一种传输介质，它的优点主要有以下 5 个方面。

① 频带较宽，理论可达 30 亿兆赫兹。

② 电磁绝缘性能好。光纤电缆中传输的是光束，由于光束不受外界电磁干扰与影响，而且本身也不向外辐射信号，因此它适用于长距离的信息传输以及要求高度安全的场合。

③ 衰减较小，无中继段长达几十到 100 多千米。

④ 光纤通讯不带电，使用安全可用于易燃、易爆场所。

⑤ 使用环境温度范围宽，使用寿命长。

图 6-2-3　光缆

6.2.3　常见局域网类型

常见的局域网类型包括以太网（Ethernet）、光纤分布式数据接口（FDDI）、异步传输模式（ATM）、令牌

环网(Token Ring)、交换网(Switching)等，它们在拓扑结构、传输介质、传输速率、数据格式等多方面都有许多不同。其中应用最广泛的当属以太网，是目前发展最迅速、也最经济的局域网。这里对以太网、光纤分布式数据接口、异步传输模式进行简单介绍。

1. 以太网

以太网最早由 Xerox(施乐)公司创建，1980 年 DEC、lntel 和 Xerox 3 家公司联合开发成为一个标准。以太网是应用最为广泛的局域网，包括标准的以太网(10 Mbit/s)、快速以太网(100 Mbit/s)、千兆以太网(1 000 Mbit/s)和万兆以太网(10 Gbit/s)。

以太网根据不同的媒体可分为 10 Base－2、10 Base－5、10 Base－T 及 10 Base－FL。10 Base－2 以太网是采用细同轴电缆组网，最大的网段长度是 200 米，每网段节点数是 30，它是相对最便宜的系统；10 Base－5以太网是采用粗同轴电缆，最大网段长度为 500 米，每网段节点数是 100，它适合用于主干网；10 Base－T 以太网是采用双绞线，最大网段长度为 100 米，每网段节点数是 1 024，它的特点是易于维护；10 Base－F 以太网采用光纤连接，最大网段长度为 2 000 米，每网段节点数为 1 024，此类网络最适于在楼间使用。

2. FDDI 网络

光纤分布式数据接口 FDDI 是一种使用光纤作为传输介质、高速、通用的环形网络。它能以 100 Mbps的速率跨越长达 100 千米的距离，连接多达 500 个设备，既可用于城域网络，也可用于小范围局域网。

使用光纤作为传输媒体具有多种优点：

① 较长的传输距离，相邻站间的最大长度可达 2 千米，最大站间距离为 200 千米。

② 具有较大的带宽，FDDI 的设计带宽为 100 Mb/s。

③ 具有对电磁和射频干扰抑制能力，在传输过程中不受电磁和射频噪声的影响，也不影响其设备。

④ 光纤可防止传输过程中被分接偷听，也杜绝了辐射波的窃听，因而是最安全的传输媒体。

3. ATM 网络

ATM 是 Asynchronous Transfer Mode(ATM)异步传输模式的缩写，是以信元为基础的一种分组交换和复用技术。它是一种为了多种业务设计的通用的面向连接的传输模式。适用于局域网和广域网，具有高速数据传输率和支持许多种类型(如声音、数据、传真、实时视频、CD 质量音频和图像)的通信。

ATM 技术具有如下特点。

① 实现网络传输有连接服务，实现服务质量保证。

② 交换吞吐量大、带宽利用率高。

③ 具有灵活的组网拓扑结构和负载平衡能力，伸缩性、可靠性极高。

④ ATM 是现今唯一可同时应用于局域网、广域网两种网络应用领域的网络技术，它将局域网与广域网技术统一。

6.2.4 局域网常用设备

1. 网卡

网卡是局域网中最基本的部件之一，可以说是必备的。网卡又称为网络卡或网络接口卡，英文称为"Network Interface Card"(NIC)。它的主要工作原理为整理计算机发往网线上的数据并将数据分解为适当大小的数据包之后向网络上发送出去。

我们日常使用的网卡都是以太网网卡,如图 6-2-4 所示。网卡按其传输速度可以分为 10 M 网卡,10/100 M 自适应网卡,以及千兆(1 000 M)网卡,目前生活中常使用的是 10 M 网卡和 10/100 M 自适应网卡这两种,它们价格便宜,比较适合于一般用途,两者在价格上相差不大。

网卡如果按主板上的总线类型来分,又可分为 ISA,VESA,EISA,PCI 等接口类型,市场主流的为 PCI 网卡,ISA 网卡已不能满足如今网络传输的基本需求,故日渐淘汰。

网卡按其连线的插口类型来分,又可分为 RJ45 水晶口、BNC 细缆口、AUI 等 3 类及综合了这几种插口类型于一身的 2 合 1、3 和 1 网卡。RJ45 插口是采用 10BASET 双绞线的网络的接口类型。而 BNC 接头是采用 10BASE2 同轴电缆的接口类型,它同带有螺旋凹槽的同轴电缆上的金属接头相连,如 T 型头等。

图 6-2-4 网卡

除了以上网卡类型以外,市面上还经常可见服务器专用网卡、笔记本专用网卡、USB 接口的网卡等。

2. 集线器

集线器的英文为"Hub"。Hub 是"中心"的意思,集线器的主要功能是对接收到的信号进行再生整形放大以扩大网络的传输距离,同时把所有节点集中在以它为中心的节点上。

当用 RJ45 双绞线组成星型局域网时,就需要一个集线器(HUB),它是局域网中的重要设备。如图 6-2-5 所示,集线器的功能就是分配频宽,将局域网内各自独立的电脑连接在一起并能互相通信的设备,它主要分 10 M,100 M 和 1 000 M 几种。

图 6-2-5 集线器

3. 交换机

交换机(Switch)也称为交换器活交换式集线器,是专门为计算机之间能够相互通信且独享带宽而设计的一种包交换设备。目前交换机已取代传统集线器在网络连接中的霸主地位,成为组建和升级局域网的首选设备,如图 6-2-6 所示。

图 6-2-6 交换机

交换机的最大特点是可以将一个局域网划分成多个端口,每个端口可以构成一个网段,扮演着一个网桥的角色,而且每一个连接到交换机上的设备都可以享用自己的专用带宽。

4. 路由器

图 6-2-7 路由器

路由器(Router)意为"转发者",路由器的作用除了用于连接多个逻辑上分开的网络,另一个作用就是可"就近"选择信息传送最畅快的通路,从而提高整个网络的速度。如图 6-2-7 所示,它在各种级别的网络中受到广泛的应用,如针对接入中小型企业和一般家庭用户的接入路由器,又如企业各种终端相连的企业级路由器及骨干级路由器,还有就是带有无线覆盖功能的无线路由器等。

6.3 Internet 应用技术

Internet 的中文翻译为"因特网",是一个覆盖全球、由众多网络和主机系统互联而成的巨大网络。Internet 上有丰富的信息资源,人们可以通过 Internet 方便地搜索各种信息,而且这些信息还在不断地更新和变化中。可以说,Internet 是一个取之不尽,用之不竭的大宝库。

6.3.1 Internet 的产生与发展

1. Internet 的产生

从某种意义上，Internet 可以说是美苏冷战的产物。20 世纪 60 年代美国国防部认为，如果仅有一个集中的军事指挥中心，万一这个中心被原苏联的核武器摧毁，全国的军事指挥将处于瘫痪状态，其后果不堪设想，因此有必要设计这样一个分散的指挥系统——它由一个个分散的指挥点组成，当部分指挥点被摧毁后其他点仍能正常工作，而这些分散的点又能通过某种形式的通讯网取得联系。

1969 年，美国国防部高级研究计划管理局开始建立一个命名为"ARPANet"的网络，把美国的几个军事及研究用电脑主机连接起来。当初，ARPANet 只连接 4 台主机，从军事要求上是置于美国国防部高级机密保护之下，从技术上它还不具备向外推广的条件。

1976 年，ARPANet 发展到 60 多个结点，连接了 100 多台计算机主机，跨越整个美国大陆，并通过卫星连至夏威夷，并延伸至欧洲，形成了覆盖世界范围的通信网络。

1980 年，ARPA 开始把 ARPANet 上运行的计算机转向采用新的 TCP/IP。1985 年，美国国家科学基金会（NSF）筹建了 6 个拥有超级计算机的中心。

1986 年，NSF 组建了国家科学基金网 NSFNet，它采用三级网络结构，分为主干网、地区网、校园网，连接所有的超级计算机中心，覆盖了美国主要的大学和研究所，实现了与 ARPANet 以及美国其他主要网络的互联。

1990 年，鉴于 ARPANet 的实验任务已经完成。随后，其他发达国家也相继建立了本国的 TCP/IP 网络，并连接到 Internet 上，一个覆盖全球的国际互联网已经形成。

2. Internet 的发展

随着 NSFnet 的建设和开放，网络节点数和用户数迅速增长。以美国为中心的 Internet 网络互联也迅速向全球发展，世界上的许多国家纷纷接入到 Internet，使网络上的通信量急剧增大。

1992 年，Internet 上的主机超过 1 百万台。1993 年，Internet 主干网的速率提高到 45 Mbps。到 1996 年速率为 155 Mbps 的主干网建成。1999 年 MCI 和 WorldCom 公司将美国的 Internet 主干网提速到 2.5 Gbps。到 1999 年底，Internet 上注册的主机已超过 1 千万台。

Internet 的迅猛发展始于 20 世纪 90 年代。由欧洲原子核研究组织（CERN）开发的万维网（WWW）被广泛使用在 Internet 上，大大方便了广大非网络专业人员对网络的使用，成为 Internet 发展的指数级增长的主要驱动力。

3. Internet 在中国的发展

1986 年 Internet 引入中国，1994 年 5 月 19 日，中国科学院高能物理所接入 Internet，称为中国科技网（CSTNet）。从此，Internet 在我国有了飞速的发展。1996 年以后，随着我国信息产业的发展和不断扩大，Internet 在国内得到了迅速普及。截至 2011 年 12 月底，中国网民规模已经突破 5 亿。

6.3.2 Internet 的接入方式

用户要想使用 Internet 提供的服务，必须将自己的计算机接入到 Internet 中，从而享受 Internet 提供的各类服务与信息资源。常见的接入方式可概括为以下 6 种类型。

1. PSDN

PSDN 通过电话线接入 Internet，客户端需加一台调制解调器（Modem），速率最大可达 56 kb/s。这种方式由于接入速度过低的缺点，目前已基本被淘汰。

2. DDN

DDN（Digital Data Network，数字数据网）提供半固定连接的专用电路，是面向所有专线用户或专网用户的基础电信网,可为专线用户提供高速、点到点的数字传输。

3. ISDN

ISDN(Integrated Services Digital Network,综合业务数字网,俗称"一线通")除了可以用来上网,还可以提供诸如电话、可视电话、会议电视等多种业务,从而将电话、传真、数据、图像等多种业务综合在一个统一的数字网络中进行传输和处理。这也就是"综合业务数字网"名称的来历。

4. ADSL

ADSL(Asymmetric Digital Subscriber Line,非对称数字用户环路)是一种利用双绞线高速传输数据的技术。它利用普通电话线路提供高速传输:上行(从用户到网络)的低速传输可达 640 Kbps～1 Mbps,下行(从网络到用户)的高速传输可达 1～8 Mbps,有效传输距离在 3～5 千米。而且在上网的同时不影响电话的正常使用,这也意味着使用 ADSL 上网时,并不需要缴付另外的电话费。ADSL 有效地利用了电话线,只需要在用户端配置一个 ADSL Modem 和一个话音分路器就可接入宽带网。

5. HFC

HFC(Hybrid Fiber Coaxial)是光纤和同轴电缆相结合的混合网络。HFC 通常由光纤干线、同轴电缆支线和用户配线网络 3 部分组成:从有线电视台出来的节目信号先变成光信号在干线上传输;到用户区域后把光信号转换成电信号,经分配器分配后通过同轴电缆送到用户。它与早期 CATV 同轴电缆网络的不同之处主要在于在干线上用光纤传输光信号,在前端需完成电—光转换,进入用户区后要完成光—电转换。

HFC 的主要特点是:传输容量大,易实现双向传输,从理论上讲,一对光纤可同时传送 150 万路电话或 2 000 套电视节目;频率特性好,在有线电视传输带宽内无需均衡;传输损耗小,可延长有线电视的传输距离,25 千米内无需中继放大;光纤间不会有串音现象,不怕电磁干扰,能确保信号的传输质量。

利用有线电视网访问 Internet 已成为越来越受业界关注的一种高速接入方式。在目前所有实际应用的 Internet 接入技术中,此种方式几乎是最快的,高达数十兆的带宽,只有光缆才能与之相媲美。Cable Modem 采用了与 ADSL 类似的非对称传输模式,提供了高达近 40 Mbps 的下行速率和 10 Mbps 的上行速率,能够自动建立与 Internet 的高速连接,用户可以拥有独立的 IP 地址。

HFC 不仅可以连接互联网,而且可以连接到有线电视网上,可以开展电话、高速数据传递、视频广播、交互式服务、娱乐服务等。特别是非对称式传输,能最大限度地利用分离频谱,按用户需求提供带宽。

6. 无线接入

无线接入(Wireless Access)是指从交换节点到用户终端之间,部分或全部采用了无线手段。常见的无线传输介质有微波、超短波、卫星通信等。无线接入可以提供终端的移动性,部署速度快,投资少,但传输的速度不如光纤等有线方式。

6.3.3 TCP/IP 协议、IP 地址和域名系统

1. TCP/IP 协议

Internet 就是由许多小的网络构成的覆盖全球的大网络,在各个小网络内部使用不同的协议,正如不同的国家使用不同的语言,那如何使它们之间能进行信息交流呢? 这就要靠网络上的世界语——TCP/IP 协议。

TCP/IP 协议(Transmission Control Protocol/Internet Protocol)叫做传输控制协议/因特网互联协议,又叫网络通讯协议,这个协议是 Internet 国际互联网络的基础。

通俗而言,TCP 负责发现传输的问题,一有问题就发出信号要求重新传输,直到所有数据安全正确地传输到目的地。而 IP 是给因特网的每一台电脑规定一个地址。

实际上 TCP/IP 协议是一个协议集,它包含了上百种计算机通信协议,常见的有 TCP, IP, UDP, FTP, SMTP 等,其中 TCP, IP 是最重要的两个协议。

2. IP 地址

在日常生活中,通信双方借助于彼此的地址和邮政编码进行信件的传递。Internet 中的计算机通信与此相类似,网络中的每台计算机都有一个网络地址,发送方在要传送的信息上写上接收方计算机的网络地址信息才能通过网络传递到接收方。

在 Internet 网上每台主机、终端、服务器都有自己的 IP 地址,这个 IP 地址是全球唯一的,用于标识该机在 Internet 网中的位置。就好像每一个住宅都有唯一的门牌一样,才不会在传输资料时出现混乱。

在 Internet 中一台计算机可以有一个或多个 IP 地址,就像一个人可以有多个通信地址一样,但两台或多台计算机却不能共享一个 IP 地址。如果有两台计算机的 IP 地址相同,则会引起异常现象,无论哪台计算机都将无法正常工作。

(1) IPv4 地址

目前 Internet 采用 IPv4 版本的 IP 地址。IPv4 版本的 IP 地址是一个 32 位的二进制地址,为了便于记忆,一般的表示法为 4 个用小数点分开的十进制数,用点分开的每个数范围是 0~255,如 202.102.14.7,这种书写方法叫做点数表示法。

IP 地址可确认网络中的任何一个网络和计算机,而要识别其他网络或其中的计算机,则是根据这些 IP 地址的分类来确定的。一般将 IP 地址分为 A,B,C,D,E 共 5 类。

① A 类地址:A 类地址的表示范围为 1.0.0.1~126.255.255.255,默认子网掩码为 255.0.0.0;A 类地址分配给规模特别大的网络使用。A 类网络用第一组数字表示网络本身的地址,后面 3 组数字作为连接于网络上的主机的地址。分配给具有大量主机(直接个人用户)而局域网络个数较少的大型网络。

每个 A 类地址理论上可连接 16 777 214 台主机,Internet 有 126 个可用的 A 类地址。

② B 类地址:B 类地址的表示范围为 128.0.0.1~191.255.255.255,默认子网掩码为 255.255.0.0;B 类地址分配给一般的中型网络。B 类网络用第一、第二组数字表示网络的地址,后面两组数字代表网络上的主机地址。

每个 B 类地址可连接 65 534 台主机,Internet 有 16 383 个 B 类地址。

③ C 类地址:C 类地址的表示范围为 192.0.0.1~223.255.255.255,默认子网掩码为 255.255.255.0;C 类地址分配给小型网络,如一般的局域网,它可连接的主机数量是最少的,采用把所属的用户分为若干的网段进行管理。C 类网络用前 3 组数字表示网络的地址,最后一组数字作为网络上的主机地址。

每个 C 类地址可连接 254 台主机,Internet 有 2 097 152 个 C 类地址段,有 532 676 608 个 C 类地址。

④ D 类地址:D 类地址是一个专门保留的地址。它并不指向特定的网络,目前这一类地址被用在多址广播(Multicasting)中。

⑤ E 类地址:E 类地址保留,仅作为搜索、Internet 的实验和开发之用。

⑥ 特殊的 IP 地址:

● 主机标识为全为"0"的 IP 地址,如 202.27.170.0,不能分配给任何主机,只能用于表示某个网络的网络地址。

● 主机标识全为"1"的 IP 地址,如 202.27.170.255,不能分配给任何主机,可用作广播地址。

● 32 位全"0"的 IP 地址,0.0.0.0,表示本机地址。

● 32 位全"1"的 IP 地址,255.255.255.255,成为有限广播地址,用于本网广播。

● 127.0.0.1 称为回送地址,常用于本机测试。

(2) IPv6 地址

IPv6 是替代现行版本 IP 协议 IPv4 的下一代 IP 协议。

目前我们使用的第二代互联网 IPv4 技术,核心技术属于美国。它的最大问题是网络地址资源有限,从理论上讲,编址 1 600 万个网络、40 亿台主机。但采用 A,B,C 这 3 类编址方式后,可用的网络地址和主机地址的数目大打折扣。

2011 年 2 月 10 日,全球互联网 IP 地址相关管理组织发出正式通告,现有的互联网 IP 地址已于当天分配完毕。中国互联网络信息中心(CNNIC)方面也确认,IP 地址总库已正式枯竭。其中北美占有 3/4,约 30 亿个,而人口最多的亚洲只有不到 4 亿个,中国截止 2010 年 6 月时 IPv4 地址数量达到 2.5 亿,落后于 4.2 亿网民的需求。地址不足,严重地制约了中国及其他国家互联网的应用和发展。

IPv4 从出生到如今几乎没有改变地生存了下来。20 世纪 90 年代初就有人担心 10 年内 IP 地址空间就会不够用,并由此导致了 IPv6 的开发。IPv4 采用 32 位地址长度,只有大约 43 亿个地址,现已枯竭,而 IPv6 采用 128 位地址长度,几乎可以不受限制地提供地址,IPv6 的 IP 地址数量为 2 的 128 次方。夸张地说,如果 IPv6 被广泛应用以后,全世界的每一粒沙子都会有相对应的一个 IP 地址。

IPv6 普及一个重要的应用是网络实名制下的互联网身份证,目前基于 IPv4 的网络之所以难以实现网络实名制,一个重要原因就是因为 IP 资源的共用,因为 IP 资源不够,所以不同的人在不同的时间段共用一个 IP,IP 和上网用户无法实现一一对应。

IPv6 的出现可以从技术上一劳永逸地解决实名制这个问题,因为那时 IP 资源将不再紧张,运营商有足够多的 IP 资源,运营商在受理入网申请时,可以直接给该用户分配一个固定 IP 地址,这样就实现了实名制,也就是一个真实用户和一个 IP 地址的一一对应。当一个上网用户的 IP 固定了后,任何时间做的任何事情都和一个唯一 IP 绑定,在网络上做的任何事情在任何时间段内都有据可查,并且无法否认。

由于 Internet 的规模以及目前网络中数量庞大的 IPv4 用户和设备,IPv4 到 IPv6 的过渡不可能一次性实现。而且,目前许多企业和用户的日常工作越来越依赖于 Internet,它们无法容忍在协议过渡过程中出现问题。所以 IPv4 到 IPv6 的过渡必须是一个循序渐进的过程,在体验 IPv6 带来的好处的同时,仍能与网络中其余的 IPv4 用户通信。能否顺利地实现从 IPv4 到 IPv6 的过渡,也是 IPv6 能否取得成功的一个重要因素。

IPv6 比 IPv4 有了明显的改进和提高。随着 IPv6 网络的普及,IPv6 地址将逐渐取代 IPv4 地址。

3. 域名系统 DNS

域名系统(Domain Name System,DNS)是 Internet 解决网上机器命名的一种系统。就像拜访朋友要先知道地址一样,Internet 上当一台主机要访问另外一台主机时,必须首先获知其地址,TCP/IP 中的 IP 地址是由 4 段分开的数字组成,很难记忆,为了方便记忆和使用,就采用了域名系统来管理名字和 IP 的对应关系。通俗地讲,域名就相当于一个家庭的门牌号码,别人通过这个号码可以很容易地找到你。

Internet 域名有一定的层次结构,DNS 把 Internet 分为多个区域,称为顶级域。顶级域有不同的划分方式,如果按组织类别划分,可分为 7 个域:com(商业组织)、edu(教育机构)、gov(政府部门)、net(网络服务)、org(非营利组织)、int(国际组织)和 mil(军事组织);另一种是按地理划分,每个申请加入 Internet 的国家或地区都可以向 NIC(互联网信息中心)注册一个顶级域名,一般是该国家或地区的名称缩写,如:我国为"cn"、美国为"us"、日本为"jp"、英国为"uk"等。

NIC 将顶级域的管理权限分派给指定的管理机构,我国 cn 域名的管理机构是 CNNIC(中国互联网络信息中心)。我国的二级域名按照组织类别可划分为 6 类,分别为 com(商业组织)、edu(教育机构)、gov(政府部门)、net(网络服务)、ac(科研机构)和 org(非营利组织)。

以一个常见的域名"www. sina. com. cn"为例说明,该域名中"cn"是顶级域名,代表中国;"com"是二级域名,代表商业组织;"sina"代表新浪;而"www"代表提供的是 WWW 服务。

DNS 规定域名中的标号都由英文字母和数字组成,每一个标号不超过 63 个字符,也不区分大小写字母。标号中除连字符(-)外不能使用其他的标点符号。级别最低的域名写在最左边,而级别最高的域名写在最右边。由多个标号组成的完整域名总共不超过 255 个字符。

近年来,一些国家也纷纷开发使用采用本民族语言构成的域名,如德语、法语等。中国也开始使用中文域名。但今后相当长的时期内,以英语为基础的域名(即英文域名)仍然是主流。

6.3.4 Internet 应用

Internet 的应用已越来越广泛,通过网络学习、查找资料、购物、聊天交友、听音乐、看电影、收看股市行情、通信、看新闻等,越来越成为人们生活中重要的组成部分。目前,Internet 提供的服务主要有 WWW 服务、电子邮件服务、文件传输服务、远程登录服务、电子公告板学位、即时通信以及其他互联网应用。

1. WWW 服务

WWW(World Wide Web)通常译成"环球信息网"或"万维网",简称为"Web"或"3W"。万维网常被当成因特网的同义词,其实万维网是因特网运行的一项服务。

WWW 是集文字、图像、声音和影像为一体的超媒体,是基于客户机/服务器方式的信息发现技术和超文本技术的综合。

WWW 服务器通过 HTML 超文本标记语言把信息组织成为图文并茂的超文本。WWW 浏览器则为用户提供基于 HTTP 超文本传输协议的用户界面。用户使用 WWW 浏览器通过 Internet 访问远端 WWW 服务器上的 HTML 超文本。

WWW 的应用已进入电子商务、远程教育、远程医疗、休闲娱乐与信息服务等领域,是 Internet 中的重要组成部分。

万维网使得全世界的人们以史无前例的巨大规模相互交流。科学知识、政治观点、文化习惯、表达方式、商业建议、艺术、摄影、文学都能够以人类历史上从来没有过的低投入实现数据共享。人们查询网络上的信息资源比在图书馆查阅书籍更容易、更有效。

如果要使用 WWW 服务,人们需要相应的工具,也就是浏览器。常见的浏览器有微软的 IE 浏览器、谷歌浏览器 Chrome、360 浏览器、搜狗浏览器、腾讯 TT 浏览器、火狐浏览器、遨游浏览器等。

(1) 浏览器的使用

现在介绍常用的 IE 浏览器 9.0 的使用方法。IE 浏览器是 Internet Explorer 的简称,即互联网浏览器。它是 Windows 操作系统自带的浏览器。

双击桌面 Internet Explorer 9.0 图标,打开 IE 浏览器,如图 6-3-1 所示。

图 6-3-1 IE 9.0 浏览器

IE 浏览器窗口第一行为地址栏,还有网页标签。标签显示当前正在浏览的网页名称或当前浏览网页的地址。由于当前没有打开任何网页,就显示为空白(Blank)。最左端是前进、后退按钮,最右端是窗口的最小化、最大化（还原）和关闭按钮，这 3 个按钮下边是主页、收藏和工具 3 个按钮。

IE 浏览器窗口第二行为菜单栏：可以使用的所有菜单命令。可以通过点击具体的命令进行打开、保存、收藏、编辑、设置等操作。

如果要访问某个网站只需要在地址栏里输入网站的域名，然后按下键盘的回车键就可以打开相应的网站。比如需要访问"郑州幼儿师范高等专科学校"网站，就在地址栏中输入"www. zzys. ha. cn"，然后按键盘上的回车键就可以进入"郑州幼儿师范高等专科学校"网站的首页，如图 6 - 3 - 2 所示。

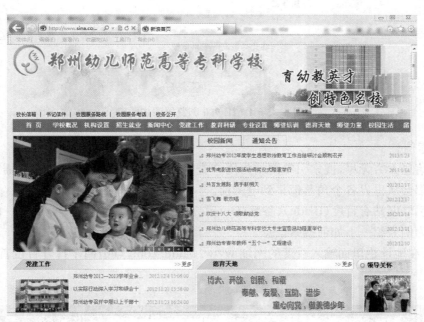

图 6 - 3 - 2 IE 9.0 浏览器浏览网页

在打开浏览器后，可以单击右上星形收藏夹按钮，会显示当前收藏夹中的内容，通过点击收藏夹中的网站，可以直接到达所喜欢的网站，而不必再在地址栏中输入网址。

图 6 - 3 - 3 IE 9.0 浏览器收藏夹

当浏览网站并且以后想经常登录这个网站时怎样把这个网站添加到收藏夹中呢？比如浏览"郑州幼

171

儿师范高等专科学校"网站,想把它添加到收藏夹中,具体方法如下:打开"郑州幼儿师范高等专科学校"网站,单击"菜单"栏中的"收藏夹"菜单,在相应的下拉菜单中单击"添加到收藏夹"项,就会弹出一对话窗口,在名称栏中就会出现当前所浏览网页的名称"郑州幼儿师范高等专科学校",单击【确定】即可。这时,在收藏夹中就会出现"郑州幼儿师范高等专科学校"的名称。

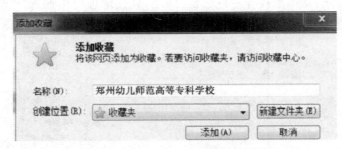

图 6-3-4　IE 9.0 浏览器添加收藏

(2) 如何搜索信息

互联网上的信息无穷无尽,搜索引擎网站为用户查找信息提供了极大的方便,只需输入几个关键词,任何想要的资料都会从世界各个角落汇集到电脑前。

常见的搜索引擎网站有百度(Baidu)、谷歌(Google)、雅虎(Yahoo)、新浪、搜狐等。下边以国内最常用的搜索网站百度为例介绍一下如何搜索信息。

打开浏览器,在地址栏里面输入百度的网址 www. baidu. com,点击回车打开百度首页,如图 6-3-5所示。

图 6-3-5　百度搜索引擎

可以看到页面中间有一个搜索栏,在搜索栏里输入想要搜索的内容关键词,然后点击搜索栏后面的"百度一下",就可以搜索到相应的信息。另外在搜索栏上边可以选择要搜索的文件类型,比如点击"图片"后,输入搜索关键词进行搜索,搜索的结果就全部是图片,而点击"MP3"后,输入搜索关键词进行搜索,搜索的结果就全部是声音文件。

使用者在搜索时经常会遇到以下两种情况:一是搜索返回的条目成千上万,二是搜索返回的条目太少或没有。

当搜索返回条目太多时，一般可以采用缩小搜索范围的方法。常用的方法有下列 3 种。

① 改变关键词。搜索引擎严谨认真，要求"一字不差"。因此，如果对搜索结果不满意，请检查关键词有无错误，并可换用不同的关键词。

② 细化搜索条件。搜索条件越具体，搜索引擎返回的结果就越精确，有时多输入一两个关键词，效果就完全不同。

③ 利用多个关键词同时搜索进行限制。

当搜索没有结果或返回的条目太少时，可以采用下面扩大搜索范围的两种方法：

① 用近义词代替关键词。

② 使用其他的搜索网站。

搜索引擎不同，工作方式也不同，因而导致信息覆盖范围方面的差异。平常搜索仅集中于某一家搜索引擎是不明智的，因为再好的搜索引擎也有局限性。合理的方式应该是根据具体要求选择不同的搜索引擎。

搜索技巧和其他的技术一样，是在不断实践中总结出来的。通过实践可以形成自己一套有效的搜索习惯，这将有助于更快地完成搜索。

2. 电子邮件服务

电子邮件（Electronic Mail，简称 E-mail）又称电子信箱，它是一种用电子手段提供信息交换的通信方式。通过电子邮件，用户可以用非常低廉的价格、以非常快速的方式，与世界上任何一个角落的网络用户联系，这些电子邮件可以是文字、图像、声音等各种方式。

（1）电子邮件服务遵循的协议

电子邮件是基于计算机网络的通信系统，因此，在接收和发送时必须遵循一些基本协议。

① 简单邮件传输协议（SMTP）：负责邮件服务器之间的传送，它包括定义电子邮件信息格式和传输邮件标准。

② 邮局协议（POP）：将邮件服务器电子邮箱中的邮件直接传送到用户本地计算机上。

③ 交互式邮件存取协议（IMAP）：提供一个在远程服务器上管理邮件的手段。

④ 电子邮件系统扩展协议（MIME）：满足用户对多媒体电子邮件和使用本国语言发送邮件的需求。

（2）电子邮件地址格式

电子邮件与普通的邮政信件一样也需要收信人的地址，电子邮件地址的格式由 3 部分组成：第一部分"用户名"代表用户信箱的账号，对于同一个邮件接收服务器来说，这个账号必须是唯一的；第二部分"@"是分隔符；第三部分是用户信箱的邮件接收服务器域名，用以标志其所在的位置。例如"zzys@ zzedu. net. cn"这个电子邮件地址，"zzys"就是用户名，"@"是分隔符，"zzedu. net. cn"是邮件接收服务器的域名。

（3）电子邮箱的选择

在选择电子邮件服务商之前要明白使用电子邮件的目的是什么，根据自己不同的目的有针对性地去选择。

如果是经常和国外的客户联系，建议使用国外的电子邮箱。比如 Gmail，Hotmail，MSN mail，Yahoo mail 等。

如果是想经常存放一些图片资料等，那么就应该选择存储量大的邮箱。比如 Gmail，Yahoo mail，163 mail，126 mail 等都是不错的选择。

另外对电子邮箱支持发送、接收的附件大小很多人都有误解，即认为一定要大。其实发送的资料附件一般都不超过 3 MB，附件大了可以通过 WinZIP，WinRAR 等软件压缩以后再发送。现在的邮箱基本上都支持 4 MB 以上的附件，部分邮箱都已提供超过几十 MB 的附件收发空间。还有一个最关键的问题，你的邮箱支持大的附件而你的收信人的邮箱是否也支持大的附件呢？如果你能发送大的附件而你的收信人的邮箱不支持接收大的附件，那么你的邮箱能支持再大的附件也毫无意义，因此电子邮箱接受附件的大小这个问题并不重要。

（4）E-mail 的优势

E-mail 与传统的通信方式相比有着巨大的优势。

① 发送速度快：电子邮件通常在数秒内即可送达至全球任意位置的收件人信箱中，其速度比电话通信更为高效快捷。如果接收者在收到电子邮件后短时间内作出回复，往往发送者仍在计算机旁工作时就可以收到回复的电子邮件，接收双方交换一系列简短的电子邮件就像一次次简短的会话。

② 信息多样化：电子邮件发送的信件内容除普通文字内容外，还可以是软件、数据，甚至是录音、动画、电视或各类多媒体信息。

③ 收发方便：与电话通信或邮政信件发送不同，E-mail 采取的是异步工作方式，它在高速传输的同时，允许收信人自由决定在什么时候、什么地点接收和回复，发送电子邮件时不会因"占线"或接收方不在而耽误时间，收件人无需固定守候在线路另一端，可以在用户方便的任意时间、任意地点，甚至是在旅途中收取 E-mail，从而跨越了时间和空间的限制。

④ 成本低廉：E-mail 最大的优点还在于其低廉的通信价格，用户花费极少的上网费用即可将重要的信息发送到远在地球另一端的用户手中。

⑤ 更为广泛的交流对象：同一个信件可以通过网络极快地发送给网上指定的一个或多个成员，甚至召开网上会议进行互相讨论，这些成员可以分布在世界各地，但发送速度则与地域无关。与任何一种其他的 Internet 服务相比，使用电子邮件可以与更多的人进行通信。

⑥ 安全可靠：E-mail 软件是高效可靠的，如果目的地的计算机正好关机或暂时从 Internet 断开，E-mail 软件会每隔一段时间自动重发；如果电子邮件在一段时间之内无法递交，电子邮件会自动通知发信人。作为一种高质量的服务，电子邮件是安全可靠的高速信件递送机制，Internet 用户一般只通过 E-mail 方式发送信件。

（5）E-mail 的注册与使用

使用邮箱前要注册一个账号，常见的免费邮箱有网易、新浪、搜狐等，现在以网易的 126 邮箱为例来学习如何申请。

① 首先进入 126 邮箱的首页"mail.126.com"，如图 6-3-6 所示。

图 6-3-6　126 邮箱注册页

② 点击右下的【注册】按钮进入如图 6-3-7 所示的页面。

图 6-3-7　注册邮箱信息

③ 填写必要信息后（加 "＊" 的为必填信息），点击【立即注册】。如果信息符合要求即可注册成功。

注册成功后就可以开始使用 E-mail 发送邮件了。

① 首先登录邮箱，如图 6-3-8 所示。

图 6-3-8　登录 126 电子邮箱

② 点击左上【写信】按钮可以编辑发送电子邮件，如图 6-3-9 所示。

如果要发送附件可点击主题下边的【添加附件按钮】进行添加，同时给多个收信人发信可在收信人栏里边填写多个收信人邮件地址，中间用 "；" 隔开。邮件填写完毕后点击【发送】按钮发送邮件，如图 6-3-10 所示。

③ 点击左上【收信】按钮可进入收件箱，点击收件箱中的邮件名称可浏览相应邮件，如图 6-3-11 所示。

图 6-3-9　编辑电子邮件

图 6-3-10　发送电子邮件

图 6-3-11　接收电子邮件

3. 文件传输服务(FTP)

(1) 文件传输概念

文件传输服务是 Internet 上二进制文件的标准传输协议(FTP)应用程序提供的服务,所以又称为 FTP 服务。

FTP 服务器是指提供 FTP 的计算机负责管理一个大的文件仓库;FTP 客户机是指用户的本地计算机,FTP 使每个联网的计算机都拥有一个容量巨大的备份文件库,这是单个计算机无法比拟的。

(2) 文件传输原理

FTP 是面向连接的服务,需要使用两条 TCP 连接来完成文件传输,一条链路专用于命令(端口为 21),另一条链路用于数据(端口为 20)。

(3) FTP 和网页浏览器

大多数最新的网页浏览器和文件管理器都能和 FTP 服务器建立连接,这使得在 FTP 上通过一个接口就可以操控远程文件,如同操控本地文件一样,如图 6-3-12 所示。这个功能通过给定一个 FTP 的 URL 实现,格式为:

$$ftp://<服务器地址>$$

(例如,ftp://zzys.net.cn 或 ftp://10.1.128.49)。

是否提供密码是可选择的,如果有密码,则格式为

$$ftp://<用户名>:<密码>@<服务器地址>$$

(例如,ftp://admin:123321@zzys.net.cn 或ftp://admin:123321@10.1.128.49。)

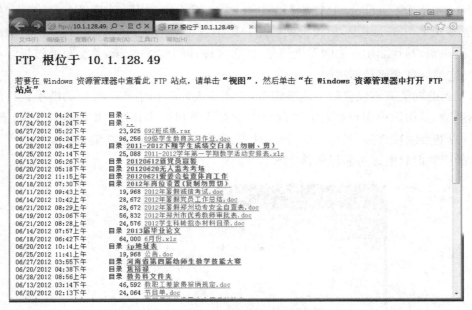

图 6-3-12　使用 IE9.0 登陆 FTP

4. 远程登录服务(Telnet)

远程登录是指在网络通信协议 Telnet 的支持下,用户本地的计算机通过 Internet 连接到某台远程计算机上,使自己的计算机暂时成为远程计算机的一个仿真终端,这样就可以在本地远程操作和控制远程计算机。

5. 电子公告板系统(BBS)

电子公告板系统(Bulletin Board System,BBS)在国内一般称作"网络论坛"。现在多数网站都建立了

自己的 BBS 系统,供网民通过网络来结交更多的朋友,表达更多的想法。通过 BBS 系统可以随时取得国际最新的信息,也可以通过 BBS 系统来和别人讨论各种有趣的话题,更可以利用 BBS 系统来刊登一些信息为自己或公司进行宣传。

图 6 - 3 - 13　BBS

6. 即时通信(IM)

即时通信(Instant Messenger,IM)是 Internet 上的一项全新应用。它实际上是把日常生活中传呼机(BP 机)的功能搬到了 Internet 上,使得上网的用户把信息告之网络上的其他网友,同时也能方便地获取其他网友的上网通知,并且能相互之间发送信息、传送文件、网上语音交谈,甚至是通过视频和语音进行交流,更重要的是这种信息交流是即时的。

即时通信工具的功能并不仅仅限于网络聊天,它还是人们工作中必不可少的助手。目前即时通信工具的种类数不胜数,其中国内用户最多的要数 QQ,它是由腾讯公司开发的即时通信工具,支持在线聊天、视频电话、点对点断点续传文件、共享文件、网络硬盘、自定义面板等诸多功能,如图 6 - 3 - 14 所示。而在国外使用最多的要数微软的即时通讯软件 MSN。

图 6 - 3 - 14　即时通信系统 QQ

7. 其他互联网应用

随着互联网行业的发展,不断涌现出很多创新性的产品和应用服务。例如,以 Facebook 为代表的社交网络、以 Twitter 为代表的微博、以微信为代表的各类移动互联网应用,以及各种"云"服务、视频点播、网络购物、团购网等应用迅速崛起。总体而言,经过 21 世纪初的互联网泡沫之后,随着"社交网络"、"云"、"物联网"等新概念应用的迅速发展,互联网行业即将迎来又一个新的爆发性增长期。

6.4 计算机网络安全

6.4.1 计算机网络安全概念

1. 什么是计算机网络安全

计算机网络安全是指利用网络管理控制和技术措施,保证在一个网络环境里,数据的保密性、完整性及可使用性受到保护。计算机网络安全不仅包括网络的硬件、管理控制网络的软件,也包括共享的资源、快捷的网络服务,所以定义网络安全应考虑涵盖计算机网络所涉及的全部内容。

2. 计算机网络安全的特性

计算机网络安全具有以下 5 个特性。

① 保密性:信息不泄露给非授权用户、实体或过程,或供其利用的特性。

② 完整性:数据未经授权不能进行改变的特性,即信息在存储或传输过程中保持不被修改、不被破坏和丢失的特性。

③ 可用性:可被授权实体访问并按需求使用的特性,即当需要时能否存取所需的信息。例如,网络环境下拒绝服务、破坏网络和有关系统的正常运行等,都属于对可用性的攻击。

④ 可控性:对信息的传播及内容具有控制能力。

⑤ 可审查性:出现安全问题时提供依据与手段。

3. 计算机网络安全与计算机安全、信息安全的关系

在网络化的信息时代,计算机、网络、信息已经成为不可分割的整体。信息的采集、加工、存储是通过计算机完成的,而信息的共享、传输则依赖于网络。如果能够保障网络的信息安全,就可以保障计算机系统的安全和信息安全。因此,网络信息安全的内容就包含了计算机安全和信息安全的内容。

4. 网络安全技术

网络安全技术指致力于解决诸如如何有效进行介入控制,以及如何保证数据传输安全性的技术手段,主要包括物理安全分析技术、网络结构安全分析技术、系统安全分析技术、管理安全分析技术,以及其他的安全服务和安全机制策略。

网络安全技术可分为以下 8 类。

① 利用虚拟网络技术,防止基于网络监听的入侵手段。

② 利用防火墙技术保护网络免遭黑客袭击。

③ 利用病毒防护技术可以防毒、查毒和杀毒。

④ 利用入侵检测技术提供实时的入侵检测及采取相应的防护手段。

⑤ 安全扫描技术为发现网络安全漏洞提供强大的支持。

⑥ 采用认证和数字签名技术。

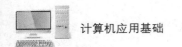

⑦ 采用 VPN 技术。

⑧ 用应用系统的安全技术以保证电子邮件和操作系统等应用平台的安全。

6.4.2 网络道德规范与网络安全的法律、法规

1. 网络用户的道德规范

在信息技术日新月异发展的今天,人们无时无刻不在享受着信息技术给人们带来的便利与好处,逐渐形成了一个虚拟的"网络社会"。然而,随着信息技术的深入发展和广泛应用,网络中已出现许多不容回避的道德与法律问题。

由于网络是隐蔽性的,网上的道德约束比现实社会弱多了。在网上人的言行靠个人道德修养来维系,它不像现实社会的道德有诸多社会舆论、传统习惯共同维持。对于正在长身体和学知识的青少年来说,社会阅历肤浅,生活经验不丰,抵御网络"垃圾"的能力也较弱。对于经过伪装的思想和言论的识别能力也较差,加之特有的青春期所产生的好奇心与猎奇心,比较容易被诱导,进而产生错误的伦理道德倾向。长此以往,他们还会把这种错误的伦理道德倾向带入现实生活中,更甚的是还容易对现实世界的伦理道德标准产生排斥心理。

因此,一方面要充分利用网络提供的历史机遇,另一方面要抵御其负面效应,大力进行网络道德建设。网络用户应该注意的问题有以下 3 个。

(1) 尊重知识产权

自网络上下载的软件、书籍、音乐、影视作品时,遵照国家有关法律规定,尊重其作品的版权,未经授权的使用、复制都是非法的,按规定要受到法律的制裁。

(2) 保证计算机安全

不蓄意破坏他人的计算机系统设备,不制造或传播病毒程序;采取预防措施,安装防病毒软件并定期查毒;保护自己的重要数据和密码。

(3) 自觉遵守网络行为规范

为增强青少年自觉抵御网上不良信息的意识,团中央、教育部、文化部、国务院新闻办、全国青联、全国学联、全国少工委、中国青少年网络协会于 2001 年 11 月向社会发布《全国青少年网络文明公约》,其内容如下:

> 要善于网上学习,不浏览不良信息;
> 要诚实友好交流,不侮辱欺诈他人;
> 要增强自护意识,不随意约会网友;
> 要维护网络安全,不破坏网络秩序;
> 要有益身心健康,不沉溺虚拟时空。

2. 有关网络安全的法律和法规

经过多年的发展,我国已由全国人大常委会、国务院及各部委发布了一系列维护网络安全的法律法规,具体包括《中华人民共和国计算机信息系统安全保护条例》、《中华人民共和国计算机信息网络国际联网管理暂行规定实施办法》、《计算机信息网络国际联网安全保护管理办法》、《计算机信息系统保密管理暂行规定》、《计算机病毒防治管理办法》、《互联网文化管理暂行规定》、《互联网著作权行政保护办法》、《互联网电子公告服务管理规定》等,这些文件为维护网络安全和打击计算机犯罪提供了法律武器。

本 章 小 结

本章介绍了计算机网络的一些基础知识,使读者对计算机网络有个基本的了解。对 Internet 进行了简单的介绍,包括 Internet 地址及域名系统的有关知识。对 Internet 的具体应用进行了介绍,包括网页浏览、信息搜索、电子邮件、即时通讯等。

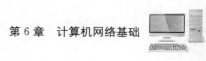

习 题

一、单选题

1. IP 地址的表示方式中，每一位的值在 0 到_____之间。

    A. 128   B. 256   C. 127   D. 255

2. 下列 IP 地址中，属于 C 类地址的是_____。

    A. 10.0.0.1   B. 185.2.3.200

    C. 255.255.255.0   D. 201.24.256.2

3. 计算机网络协议是保证准确通信而制定的一组_____。

    A. 用户操作规范   B. 通信规则或约定

    C. 程序设计语法   D. 硬件电气规范

4. 下列属于局域网的是_____。

    A. 国家网   B. 城市网   C. 校园网   D. 因特网

5. 下列行为中_____是不符合网络道德行为规范的。

    A. 不应用计算机盗窃他人信息   B. 不应干扰别人的计算机工作

    C. 不应破坏他人计算机中的数据   D. 可以使用没有授权的软件

二、多选题

1. 下列 IP 地址中，不正确的是_____。

    A. 253.133.25.12   B. 10.14.56.23

    C. 202.35.46.78.65   D. 201.24.256.2

2. 根据网络的拓扑结构分类，网络可以分为_____。

    A. 星型网络   B. 环型网络   C. 总线网络   D. 树型网络

    E. 网状结构

3. 下列说法错误的是_____。

    A. 计算机网络的共享资源只能是硬件   B. 单独一台计算机不能构成计算机网络

    C. 计算机网络只能共享数据   D. 计算机网络不能实现集中管理

4. 局域网常用的传输介质有_____。

    A. 光纤   B. 同轴电缆   C. 激光   D. 双绞线

5. 下面是网络设备的有_____。

    A. 网卡   B. 路由器   C. 交换机   D. 打印机

三、填空题

1. 计算机网络主要的功能是_____、_____、_____、_____。

2. 按网络覆盖的范围划分，计算机可分为_____、_____和广域网。

3. 常用的通信介质有_____、同轴电缆和_____。

4. Internet 上采用的是_____协议集。

5. 《全国青少年网络文明公约》其内容为_____；_____；_____；_____；_____。

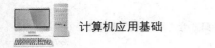

四、问答题

1. 什么是计算机网络？它有哪些主要功能？
2. 什么是 Internet？它主要提供哪些服务？
3. 互联网用户应该注意哪些问题？

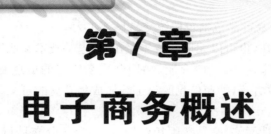

第 7 章

电子商务概述

电子商务将成为 21 世纪人类信息世界的核心,也将是网络应用的发展方向。电子商务源于英文"Electronic Commerce",简写为"EC"。欧洲委员会 1977 年把电子商务定义为"以电子方式进行商务交易"。电子商务不仅会改变人们的购物方式,还将带来一场技术革命,其影响远远超过商务的本身,表现为给生产、管理、生活、就业、政府智能、法律制度以及教育文化带来巨大的影响。

7.1　走进电子商务

7.1.1　电子商务的概念

一直以来电子商务有着多种定义。欧洲委员会把电子商务定义为以电子方式进行商务交易。美国则将电子商务定义为利用 Internet 进行的各项商务,包括广告、交易、支付、服务等活动。从以上两个定义可以看出,世界各国对电子商务的定义不尽相同,电子商务因而也有广义和狭义之分。

广义的电子商务是指各行各业包括政府机构和企事业单位使用各种电子工具从事商务或活动,也称作电子商业(E-Business)。这些工具包括从初级的电报、电话、广播、电视、传真到计算机和 Internet 等现代系统。

狭义的电子商务是指在全球各地广泛的商业贸易活动中,在开放 Internet 的网络环境下,通过电子信息技术、现代通信技术和网络互联技术,使得交易涉及的各方当事人借助电子方式进行商务联系,实现商务信息的及时传递和沟通,最终完成商务活动的商务运营模式,也称作电子交易(E-Commerce)。

7.1.2　电子商务的特点及分类

1. 电子商务的特点

(1) 交易无纸化,减少资源消耗

电子商务以电子媒介取代了传统商务的纸张媒介,并以电子形式取代了传统的书面签名形式。同时,信息的交流、记录、存储通过光、磁、电等技术手段完成,不再依托传统纸张,符合低碳经济的发展需要。

(2)交易环境开放性,不受地域和空间的限制

传统交易是"面对面"的交易,交易在特定地点与特定对象之间进行,交易双方或者由于在场,或者通过电话等必然地发生某种物理联系。电子交易则在很多情况下表现为"机对机"的交易,交易在互联网上进行,交易对象可能是互联网上遇到的任何人。由于网络交易的覆盖面广,所以用户通过普通电话线就可以方便地与贸易伙伴传递商业信息和文件。在此情景中,传统的时空界限被突破,从而交易的环境具有更大的开放性。

(3)交易内容虚拟化,可交易商品范围较传统交易显著扩大

产品既可以有形的载体存在,也可以无形的载体存在,而电子技术又使得没有任何载体的信息交易成为可能。数字化技术使许多原来需要纸、磁介质、物理介质来传递的信息制品,如书、软件、音乐、影视剧等,现在可以在线下载、随读、收看等,即使信息脱离了载体成为独立的可交易"财产"。

(4)交易费用低廉

由于互联网是国际的开放性网络,交易费用相对低廉,加上部分交易行为尚未纳入税收范围,使得互联网交易的整体费用不及传统交易的四分之一。这一优势使得许多企业尤其是中小企业对其非常感兴趣。

(5)功能更全面

互联网可以全面支持不同类型的用户实现不同层次的商务目标,如发布商品资讯、在线洽谈、建立虚拟商场或网上银行等,即用户需要的交易功能大部分都能在电子商务中实现。

2. 电子商务的分类

数字时代和数字技术的企业与消费者是推动电子商务的动力。像数字技术一样,电子商务的实现不可能一步到位,它有一个逐渐成熟的过程。对企业和消费者来说,不同种类、不同层次的电子商务过程,蕴含着不同的发展机遇。根据不同的标准,电子商务可划分以下不同的类型。

(1)按照交易对象分类

① 企业对消费者(Business to Customer,B2C)之间的电子商务。B2C 中的"B"是"Business",意思是"企业",2 则是"to"的英文谐音,C 是"Customer",意思是"消费者"。

此种模式是商家对消费者,也就是通常说的商业零售,是直接面向消费者销售产品和服务。2C 模式有效降低了销售商的经营成本。在线商家提供了比传统商家更为便利的购物方式,节省了消费者的时间和空间,大大提高了交易效率。根据相关调查数据显示,有 67% 的网民表示吸引他们到网上购物的主要原因是购买便利。某些互联网的购物尚未要求支付销售税,客观上刺激了 B2C 模式的发展。

例如网上购物(实物、信息、服务)、网上交费(电信、水电、煤气)等。国内最大的中文网上书店当当网(http://www.dangdang.com)就是一个 B2C 电子商务网站的典型,如图 7-1-1 所示,美国的亚马逊网上商店(http://www.amazon.com)是全球最著名的 B2C 电子商务网站。

② 企业与企业(Business to Business,B2B)之间的电子商务。

此种模式是商业对商业,或者说是企业间的电子商务,即企业与企业之间通过互联网进行产品、服务及信息的交换。B2B 结构模式是电子商务中最重要的一种形式,交易额巨大,能够产生直观的经济效益。通过电子商务,商业企业可以更及时、更准确地获取信息,从而准确订货,减少库存,通过网络促进销售,以提高效率、降低成本,获取更大的商业利润。特别是通过电子数据交换来处理订单、发票、付款等贸易单证可以减少纸张单证的处理及资料的重复录入,降低错误率,加速信息流通,提高生产效率和降低成本。

例如阿里巴巴是全球领先的 B2B 电子商务公司,如图 7-1-2 所示。

图 7-1-1 当当网的首页

图 7-1-2 阿里巴巴网站的首页

③ 消费者与消费者(Consumer to Consumer，C2C)之间的电子商务。

此种模式是指消费者与消费者间通过 C2C 商务平台进行在线交易，卖方可以主动提供商品上网拍卖，而买方可以自行选择商品进行竞价。C2C 模式交易成本低廉，通过建立起虚拟的个人网络销售环境，可以在最短时间内找到客户，节约大量的交易成本。C2C 模式交易方式十分灵活，取代传统的纸质单据，采用高科技的电子系统进行双向数据交流，利用最先进的网络系统进行资金结算，避免了传统人工结算带来的麻烦。C2C 模式产品种类丰富，经营规模不受限制，消费者只要符合一定条件均可以在网上销售各自的产品，而且采用何种经营方式基本不受约束，这为消费者提供了自由广阔的销售空间。

其代表是拍拍网和淘宝网，如图 7-1-3 所示。

图 7-1-3 淘宝网站的首页

④ 企业与政府(Business to Government，B2G)之间的电子商务。

此种模式是指政府与企业之间利用 Internet 完成的管理条例发布、政府采购、税收、商检、网上报关等各项事务。例如政府通过 Internet 发布采购清单，企业以电子商务的方式竞标；政府通过电子交换的方式向企业征税等。这样可以更好地树立政府的形象，更好地实施对企业的行政事务管理，从而更好地推行各种经济政策等。政府既是电子商务的使用者，进行购买等商业活动；又是电子商务的宏观管理者，对电子商务起着扶持和规范的作用。

⑤ 消费者与政府(Customer to Government，C2G)之间的电子商务。

此种模式即政府上网，也就是政府职能上网，具体表现为在网络上成立一个虚拟的政府，在 Internet 上实现政府的职能工作。政府上网后，可以在网上发布部门的名称、职能、机构组织、工作章程以及各种资料、文档等，并公开政府部门的各项活动，从而增加了办事执法的透明度，为公众与政府打交道提供了方便，同时也接受公众的民主监督，提高公众的参政议政意识。

(2) 按照商务活动的内容分类

① 间接电子商务。间接电子商务是指有形货物的电子订货与付款的活动，但在这类电子商务中依旧用原来的传统渠道来进行送货。

② 直接电子商务。直接电子商务是指无形货物或服务的电子商务活动，这类电子商务是一种最典型的电子商务模式，如计算机软件、音像制品、娱乐内容的联机订购、付款和交付，或者全球规模的信息服务等。

(3) 按商业活动运作方式分类

① 完全电子商务。完全电子商务是指整个商业过程完全依靠电子商务的手段和形式来实现商业活动，而没有借助其他商务形式。这类电子商务的优势是市场空间巨大，不足是产品的种类受到限制。

② 不完全电子商务。不完全电子商务是指整个商业过程部分依靠电子商务来实现其交易过程，而另外的一些商业活动还需要采用传统的商业活动模式来实现。这是目前使用得最多的一种电子商务模式。

(4) 按照使用网络类型分类

① 基于 Internet 的电子商务。基于 Internet 的电子商务是指商家通过 Internet 进行信息的收发、产品的宣传，以及网上销售和售后服务等。如网上购物、网上的信息发布等均如此。

② 基于内联网的电子商务。基于内联网的电子商务是指以企业内部网络为基础，完成内部信息发布、交流、反馈；进行业务流程和人、财、物等企业资源的管理和协调，以加强企业内部有关数据库及文件系统的管理；通过防火墙技术和设置部门的权限等措施来保证企业的信息安全。

③ 基于外联网的电子商务。指相关的企业之间，如企业与其供应商、代理商、大客户以及维护中心

等,以俱乐部的形式通过外联网相互沟通信息,协同运作,实现网上的实时交易过程,以便企业提高运作效率和增加效益。

7.1.3 电子商务的产生与发展

中国电子商务起步较晚,仅有十余年的历史。最有代表性的中国电子商务网站阿里巴巴于 1978 年建立,其示范作用随即引发了中国电子商务网站的大量兴起。

在 1977 年和 1978 年,中国电子商务的主体正是一些 IT 厂商和媒体,它们以各种方式进行电子商务的"启蒙教育",激发和引导人们对电子商务的认识、兴趣和需求。

在 1977 年和 2000 年,以网站为主要特征的电子商务服务商成为中国电子商务最早的应用者,成为这一阶段中国电子商务的主体。

但随着互联网泡沫的出现,电子商务开始跌入低谷,中国相当数量的电子商务网站倒闭了。2003 年后,电子商务市场开始复苏。从 2003 年至今,中国电子商务网站大量出现,伴随着众多创新性的运营模式,企业电子商务成为中国电子商务新的主体。

虽然起步较晚,但中国政府一直非常支持电子商务在中国的发展。我国政府在 20 世纪 80 年代就开始关注信息技术的发展和应用。在 1973 年兴建了"金桥"、"金关"、"金卡"的"三金"工程,为我国电子商务的蓬勃发展打下了坚实的基础。在 1976 年还设立了中国国际电子商务中心,负责具体的电子商务建设项目。

随着中国电子商务行业整体的发展和崛起,中国电子商务网已显现其功能,中国国际电子商务网已经建成由通信平台、数据交换平台、信息平台构架的电子商务网络环境。同时借助中国电信公用网,实现了与联合国全球贸易网等国际商务网络的连接,并在主要城市开通了节点,初步形成了覆盖全国、连通世界的国家外经贸专业网。同时中国政府还在 2006 年颁布了《2006—2020 国家信息化发展战略》以及在"十一五"信息化专项规划中对电子商务及整个行业提出了更高、更新的发展要求。

7.1.4 电子商务阶段存在的问题

我国目前许多行业信息化程度还不够高,信息基础建设还比较薄弱,电子商务的发展还存在着许多障碍和问题。

1. 网上诚信缺失

中国电子商务诚信状况堪忧,网上诚信成为公众和企业普遍担忧的问题。显然,网络诚信成为阻碍个人电子商务进一步发展的重要因素。同时,公众和企业对电子商务交易过程中的第三方认证机构缺乏认识,使得诚信认证机构的作用无法得到有效发挥,再加上中国第三方诚信机构由于处于发展初期,本身的权威性和真实性也受到用户的质疑,进一步淡化了第三方诚信机构的作用。

2. 网络硬件环境不完善、信息获取成本过高

网络基础设施的落后,导致上网速度低和上网费用高。网络带宽窄和上网速度慢,限制了传输手段由文字向多媒体(综合图、文、声、像)的发展,也限制了人们经营思想和消费观念向电子商务的转变;同时上网资费居高不下,也是制约电子商务开展的主要因素之一。

3. 交易安全问题突出

电子商务所面临的最大困难是"快速、迅捷和全球性"所带来的安全性问题。这种安全性问题是伴随着电子商务的产生而先天具有的。由于电子商务交易依托于通过计算机程序构建起来的网上交易平台开展工作,而计算机程序又存在较多的人为设计因素,从而使电子商务无法避免地存在安全漏洞。在电子商务交易过程中,密码账号被盗,网上交易平台被攻击的案例时有发生。要解决这种安全性问题,国家机构、政府部门对于这种通过电子化通信方式进行商业交易的纵向管理行为是必不可少的。

4. 物流配送体系不完善

作为电子商务的主要环节,物流配送对电子商务交易的最终达成起着至关重要的作用。在我国物流配送属新兴行业,其中所涉及的加工、运输、中转、仓储等环节和相关的配套措施还不完善,有些地区的地方保护、贸易保护还未完全销声匿迹,这些都会给电子商务在环节流转上带来问题,进一步对电子商务造成经济损失,所以物流配送体系的完善和环节的有序运转亟待加强。

5. 电子商务相关的政策和法律法规不够完善

目前我国电子商务相关法律法规分散于各个部门法律和行政规章中,未形成独立完善的法律体系。对于电子商务的税收制度、信息的定价、信息访问的收费、信息传输成本、隐私问题、多媒体内容和网络出版等问题,尚无可以规范的相关法律。

7.1.5 电子商务的概念模型

电子商务的概念模型由交易主体、交易事务、电子市场、物资流、资金流、信息流等基本要素构成,如图7-1-4所示。

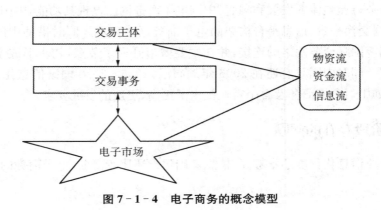

图7-1-4 电子商务的概念模型

① 交易主体:能够从事电子商务活动的客观对象。
② 电子市场:电子商务实体从事商品和服务交换的场所。
③ 交易事务:电子商务实体之间所从事的具体的商务活动的内容。
④ 物资流:指商品和服务的配送和传输渠道。
⑤ 资金流:资金的转移过程,包括付款、转账、兑换等过程。
⑥ 信息流:既包括商品信息的提供、促销营销、技术支持售后服务等内容,也包括诸如询价单、报价单、付款通知单、转账通知单等商业贸易单证,还包括交易方的支付能力、支付信誉、中介信誉等。

电子商务的基本组成要素有网络、用户、配送中心、认证中心、银行、商家等,如图7-1-5所示。

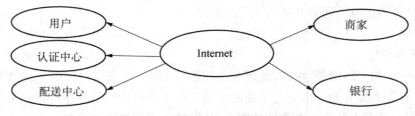

图7-1-5 电子商务的基本组成要素

7.2　购买心仪商品

7.2.1　寻找心仪商品

双击桌面上的 IE 浏览器图标,打开 IE 浏览器窗口,在"地址"栏中输入淘宝网的网址(http://www.taobao.com)并按回车键,进入淘宝网首页。

1. 通过分类网页浏览商品

在淘宝首页,单击"我要买"超链接,打开"爱逛街"商品展示页面,如图 7-2-1 所示。

图 7-2-1　登陆"爱逛街"商品展示页面

点击"商品分类",打开卖家展示的商品分类列表,如图 7-2-2 所示。

图 7-2-2　打开商品分类列表

根据需要,打开对应的商品列表,进一步查看商品超链接,如图 7-2-3 所示。

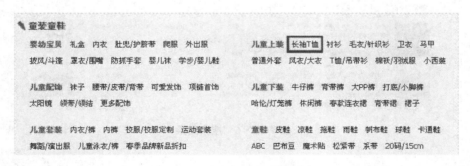

图 7-2-3　打开商品分类列表

实战演练:红河幼儿园要举办一年一度的运动会,每个班都要给班上的孩子统一服装,为了了解款式和价格,大三班的刘老师到网上搜索信息。从分类网页中找到儿童上装分类中的长袖 T 恤。如图 7-2-4 所示。

单击产品信息的超链接,可以详细了解产品信息。

温馨提示:淘宝网上发布的商品都是严格按照要求分类上架的,这样只需要根据网页上的商品分类,逐步细分商品范围,便能找到需要的商品。

图 7-2-4　商品列表

2. 直接搜索商品

在淘宝首页的搜索栏直接输入关键词可以搜索到需要的商品。如图 7-2-5 所示。

图 7-2-5　直接搜索

实战演练：红河幼儿园的刘老师为了进一步了解更多的产品信息,选择了"童装　纯棉　长袖"关键词,进行了搜索。

在搜索结果中,可以通过"销量"、"信用"、"价格"、"总价"、"所在地"、"海外商品"、"货到付款"、"消费者保障"、"7 天退换"、"正品保障"、"旺旺在线"、"信用卡"、"淘宝代购"等选项来再次缩小范围。如图 7-2-6 所示。

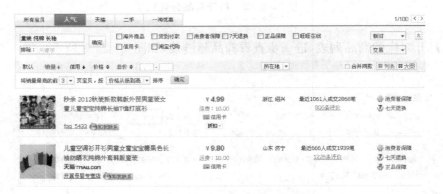

图 7-2-6　搜索结果

3. 高级搜索

在淘宝首页,单击【搜索】按钮旁边的"高级搜索"超链接,可以通过高级搜索方式快递查找符合多个条件的商品。如图 7-2-7 所示。

图 7-2-7　"高级搜索"超链接

在关键词处输入"童装　纯棉　长袖","类别"处选择"童装/童鞋/亲子装",单击【搜索】按钮右侧的"显示辅助选项"超链接,如图7-2-8所示。

图7-2-8　输入关键字

在"价格范围"一项中输入"10"元至"30"元,勾选"卖家承担运费",选中"新旧程度"项的【全新】单选按钮,单击【搜索】按钮,如图7-2-9所示。

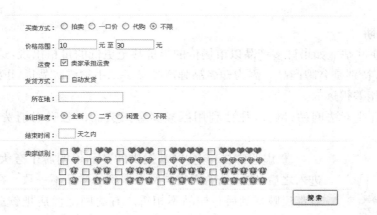

图7-2-9　设置搜索条件

在搜索结果中浏览所需商品,如图7-2-10所示。

图7-2-10　浏览搜索结果

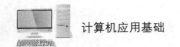

7.2.2 选择商品

1. 网上购物的技巧

① 要选择信誉好的网上商店,以免被骗。

② 购买商品时,付款人与收款人的资料都要填写准确,以免收发货出现错误。

③ 用银行卡付款时,最好卡里不要有太多的金额,防止被不诚信的卖家划拨过多的款项。

④ 遇上欺诈或其他受侵犯的事情,可在网上找网络警察处理。

⑤ 看:仔细看商品图片,分辨是商业照片还是店主自己拍的实物,而且还要注意图片上的水印和店铺名,因为很多店家都在盗用其他人制作的图片。

⑥ 问:通过旺旺询问产品相关问题,一是了解卖家对产品的了解,二是看卖家的态度。

⑦ 查:查店主的信用记录,看其他买家对此款或相关产品的评价以及店主对该评价的解释。

⑧ 可以用旺旺来咨询已买过该商品的人,还可以要求店主视频看货。

2. 网上购物原则

① 不要迷信"钻石皇冠"。

② 对规模很大有很多客服的卖家要分外小心。

③ 坚决使用支付宝交易。

④ 不要买态度恶劣的卖家的东西。

3. 严防购物陷阱

① 低价诱惑:在网站上如果许多产品以市场价的半价甚至更低的价格出现,这时就要提高警惕,想想为什么会这么便宜,特别是名牌产品。因为知名品牌产品除了二手货或次品货,正规渠道进货的名牌产品是不可能和市场价相差很远的。

② 高额奖品:有些不法网站、网页,往往利用巨额奖金或奖品诱惑吸引消费者浏览网页,并购买其产品。

图 7－2－11 查看卖家信息

③ 虚假广告:有些网站提供的产品说明属于夸大甚至虚假宣传,消费者进入之后,购买到的实物与网上看到的样品不一致。在许多投诉案例中,消费者都反映货到后与样品不相符。有的网上商店把钱骗到手后便把服务器关掉,然后再开一个新的网站继续故伎重演。

④ 设置格式条款:买货容易退货难,一些网站的购买合同采取格式化条款,对网上售出的商品不承担"三包"责任、没有退换货说明等。消费者购买了质量不好的产品,想换货或者维修时,就无计可施了。

4. 查看卖家信息

通过查看"卖家信息"可了解有关商品卖家的信息。打开商品信息,单击商品对应的评价选项,查看卖家信息,如图 7－2－11 所示。

打开"卖家信息",这里综合显示了店铺半年内动态评分、店铺 30 天内服务情况和卖家信用评价展示。如图 7－2－12 所示。

单击最近一个月的好评数"2 482",查看卖家最近一个月的好评信息,如图 7－2－13 所示。

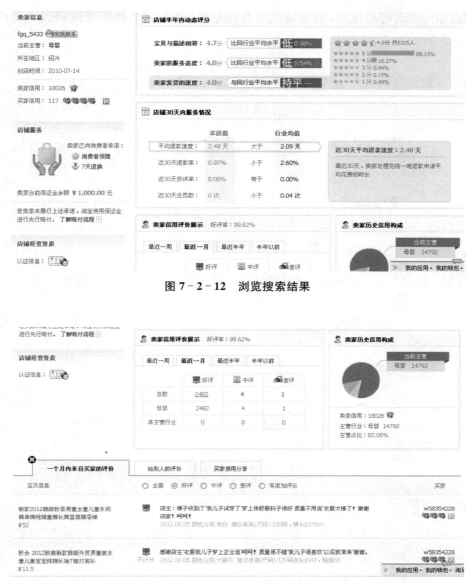

图 7-2-12　浏览搜索结果

图 7-2-13　好评信息

7.2.3　准备购物

1. 注册淘宝会员

这里以淘宝购物为例。在购物前，必须要先注册淘宝会员。进入淘宝首页，单击【免费注册】，如图 7-2-14 所示。

图 7-2-14　单击【免费注册】超链接

输入用户名,如用户名可以使用,可继续填写其他信息,输入完毕检查无误后,单击【同意协议并注册】,如图 7 - 2 - 15 所示。

图 7 - 2 - 15　填写并检查会员名

注册时可以用手机号码验证,也可以用邮箱验证,这里以邮箱验证为例。如图 7 - 2 - 16 所示。

图 7 - 2 - 16　使用邮箱验证

提交后,用手机获取验证码,并提交,如图 7 - 2 - 17 和图 7 - 2 - 18 所示。

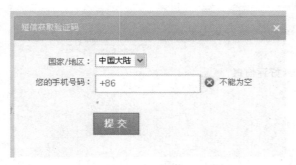

图 7 - 2 - 17　短信获取验证码

图 7 - 2 - 18　输入验证码

单击【去邮箱激活账户】,打开邮箱,单击"新用户确认通知信",如图 7 - 2 - 19 和图 7 - 2 - 20 所示。

图 7 - 2 - 19　去邮箱激活账户

图 7-2-20 查看邮箱

在打开的邮件中,单击【完成注册】按钮,如图 7-2-21 所示。

图 7-2-21 通过邮件激活淘宝网会员账户

注册成功后,提示已同步注册了支付宝账户,如图 7-2-22 所示。

图 7-2-22 注册成功

2. 设置支付宝账户

支付宝(Alipay)最初作为淘宝网公司为了解决网络交易安全所设的一个功能,该功能为首先使用的 "第三方担保交易模式",由买家将货款打到支付宝账户,由支付宝向卖家通知发货,买家收到商品确认后 指令支付宝将货款放于卖家,至此完成一笔网络交易。支付宝于 2004 年 12 月独立为浙江支付宝网络技 术有限公司,是阿里巴巴集团的关联公司。支付宝公司于 2010 年 12 月宣布用户数突破 5.5 亿。

在淘宝注册时默认的支付宝账户名就是注册时用的邮箱地址,登陆密码和支付密码目前与注册淘宝 的密码是一致的。

温馨提示:密码是保证账号安全的一项重要屏障,有弱密码和强密码之分。强密码的设置规则可注意以下几点。

① 密码的长度最好等于网站设定的最大长度,防止密码过短而被轻易破解。

② 尽可能避免使用易被猜出的密码,如包含生日、姓名、公司名等信息。

③ 密码最好无规则、无意义,由数字、字母和特殊符号混合而成。

进入邮箱,可以看到一封"淘宝已为您免费开通支付宝账户"的邮件,单击超链接打开支付宝邮件。如图 7-2-23 所示。

图 7-2-23　查看邮件

单击【登录支付宝】,设置支付宝密码及其他信息。如图 7-2-24 所示。

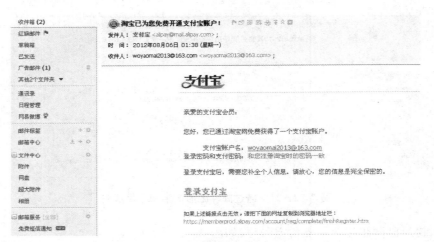

图 7-2-24　单击【登录支付宝】超链接

填写账户信息和个人信息,并修改密码,单击【下一步】,激活账户。如图 7-2-25 和图 7-2-26 所示。

图 7-2-25　填写账户信息

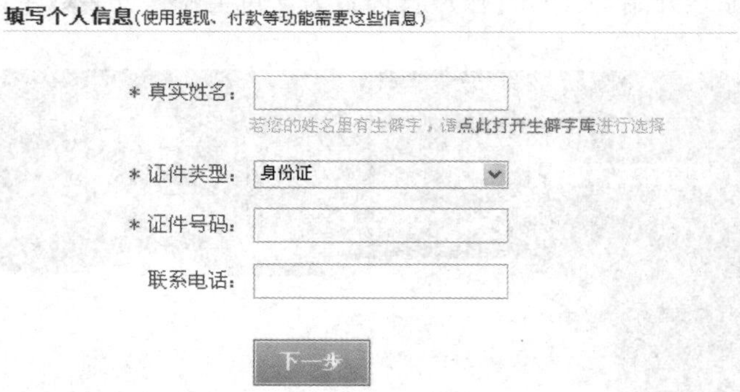

填写个人信息(使用提现、付款等功能需要这些信息)

　　* 真实姓名：

　　　　　　若您的姓名里有生僻字，请**点此打开生僻字库**进行选择

　　* 证件类型：　身份证

　　* 证件号码：

　　　联系电话：

　　　　　　　下一步

图 7–2–26　填写个人信息

　　登录支付宝账户，查看支付宝账户信息。如图 7–2–27 所示。

图 7–2–27　登录支付宝

　　输入支付宝账户名和登录密码，点击【登录】，即可进入支付宝账户的页面。第一次进入支付宝账户的页面，提供有"如何使用支付宝"的小提示，单击【好，我看看～】。如图 7–2–28 所示。

图 7–2–28　第一次进入支付宝账户页面

提示要从了解您的账户开始,要单击【账户管理】,为支付宝账户安装数字证书。如图7－2－29所示。

图7－2－29　从了解您的账户开始

提示网络购物可以通过银行卡开通快捷支付方式购物付款,也可以为支付宝账户充值后再付款。如图7－2－30所示。

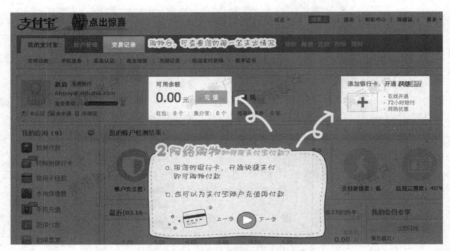

图7－2－30　如何用支付宝付款

支付宝账户目前还提供丰富的生活应用,轻松您的生活。如图7－2－31所示。

图7－2－31　丰富的生活应用

到安全中心，可以安装支付宝提供的安全产品，提升支付宝的安全等级。如图 7－2－32 所示。

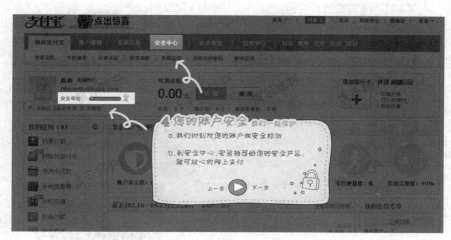

图 7－2－32　账户安全

在支付宝使用过程中，不免会出现一些不懂的问题，可以随时联系在线客服给予指导，为更好的网络购物提供必要的技术支持和帮助。如图 7－2－33 所示。

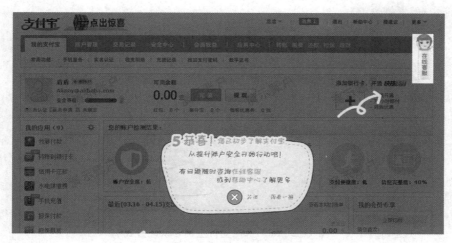

图 7－2－33　咨询"在线客服"

3. 准备电子钱包

网络交易可以通过支付宝完成。在申请了支付宝账户后，需要充值才能进行网上支付。这就需要开通网上银行。目前，任何一家银行的存折、储蓄卡、借记卡都可以办理开通网上银行业务，在办理时需要带上有效身份证到银行填写申请表，在银行工作人员的指导下开通网上银行。

注册了淘宝会员，并且开通了支付宝账户，还需要进行支付宝实名认证，与银行卡进行关联。

"支付宝实名认证"服务是由支付宝（中国）网络技术有限公司提供的一项身份识别服务。支付宝实名认证同时核实会员身份信息和银行账户信息。通过支付宝实名认证后，相当于拥有了一张互联网身份证，可以在淘宝网等众多电子商务网站开店、出售商品，增加支付宝账户拥有者的信用度，以促进淘宝网上购物的诚信交易和公平买卖。

关闭提示后，点击【未认证】，进入实名认证的设置。如图 7－2－34 所示。

阅读《支付宝实名认证服务协议》，并单击【立即申请】。如图 7－2－35 所示。

这里可以选择快捷认证和普通认证两种方式，根据自己的需要选择申请，这里以快捷认证为例。如图 7－2－36所示。

图 7 - 2 - 34　单击【未认证】

图 7 - 2 - 35　支付宝实名认证服务协议

图 7 - 2 - 36　选择支付宝实名认证方式

　　支付宝推荐通过开通快捷支付进行实名认证，这里以工商银行储蓄卡为例。选中【中国工商银行】和【储蓄卡】选项后，单击【下一步】。如图 7 - 2 - 37 所示。

图 7 - 2 - 37　开通快捷支付进行实名认证

为了您的支付账号和银行储蓄卡的安全，请使用本人银行卡开通快捷支付。填写本人姓名、证件号码、储蓄卡卡号、手机号码、验证码等信息，单击【同意协议并开通】。如图7-2-38所示。

图7-2-38　开通快捷支付服务

实名认证后，为了加密您的信息并保护账户和资金安全，必须要申请数字证书。如图7-2-39所示。

图7-2-39　申请数字证书

根据提供的安全产品，可以选择免费选项，安装数字证书、手机宝令、手机动态口令、第三方证书和安全控件等产品。如图7-2-40和图7-2-41所示。

图7-2-40　数字证书、手机宝令和手机动态口令

201

图 7－2－41　第三方证书和安全控件

7.2.4　购买商品及收货后评价

选好了商品,在付款前最好和卖家能够在线沟通,详细询问产品信息的细节。确定购买后,再通过支付宝付款。以淘宝为例,进行在线沟通需要先下载并安装阿里旺旺工具。如图 7－2－42 所示。

图 7－2－42　安装阿里旺旺

安装阿里旺旺后,登陆阿里旺旺和卖家交流信息。网上购物提供了一个自由购物交流的平台,在购物的同时,应该学习网络方面的法律、法规知识,在文明的网络中体会网上购物的乐趣。青少年应严格要求自己,坚决抵制上网使用不文明用语,做到时时使用网络文明语言,为营造健康的网络道德环境做出自己的努力。

通过与卖家的交谈,确定购买,单击【立即购买】按钮,登陆淘宝用户,填写收货地址和货品信息,确认无误,单击【提交订单】。

如果支付宝账户有足够的金额,可以直接输入支付宝的支付密码进行付款。如果支付宝金额不足,可以充值或者直接通过网上银行进行付款。如图 7－2－43 所示。

图 7－2－43　使用支付宝担保交易方式付款

进入淘宝后台,通过查看订单、收货和物流信息的方式查看货物发送情况。收到货品并无任何问题后,单击【确认收货】超链接,正确输入支付宝密码,单击【确定】按钮,提示交易成功,并根据货品质量、卖家服务和物流情况给予评价。认真评价可增加买卖双方的相互约束。为了得到好评、树立形象,买卖双方都会尽力按照规则办事,这样就维护了网络交易的正常进行。

7.3　开店当老板

网上店铺真是琳琅满目,化妆品、服装、数码产品……每一个项目都有很大的发展空间,都有前途。关键是怎么去做,什么适合自己,这才是最重要的。

7.3.1　开店流程

网上开店更要讲究技巧,下面以淘宝为例来说明开店流程。目前在淘宝开店是完全免费的,但是需要满足 3 个条件:

①　注册会员,并通过认证;

②　发布 10 件以上(包括 10 件)的宝贝;

③　为了方便安全交易,建议开通网上银行。

之前已经在淘宝注册过个人的淘宝会员和支付宝账户,登陆淘宝会员进入淘宝后台。如图 7-3-1 所示。

图 7-3-1　我的淘宝后台

单击【卖家中心】,可以看到淘宝卖家中心免费开店的提示信息,如图 7-3-2 所示。

图 7-3-2　免费开店的提示

单击【免费开店】,进入任务提示,要求完成 3 件任务,即可成功开店。如图 7-3-3 所示。

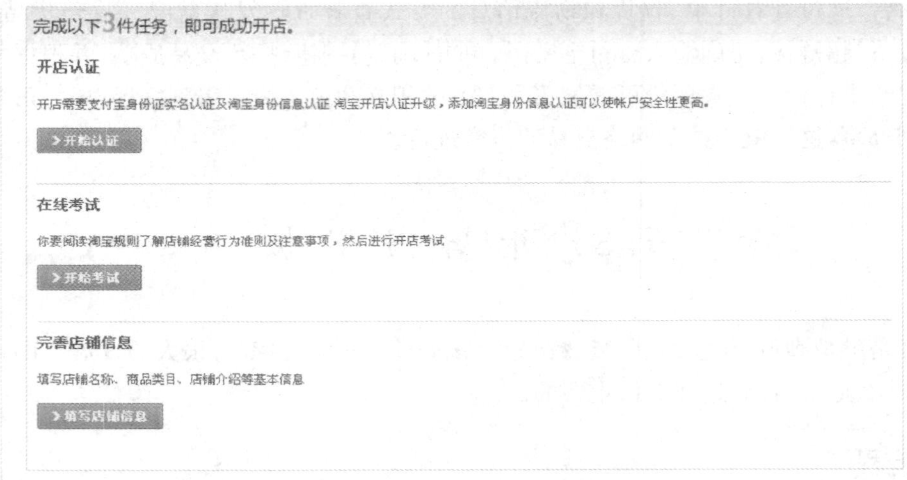

完成以下3件任务，即可成功开店。

开店认证

开店需要支付宝身份证实名认证及淘宝身份信息认证 淘宝开店认证升级，添加淘宝身份信息认证可以使帐户安全性更高。

➤ 开始认证

在线考试

你要阅读淘宝规则了解店铺经营行为准则及注意事项，然后进行开店考试

➤ 开始考试

完善店铺信息

填写店铺名称、商品类目、店铺介绍等基本信息

➤ 填写店铺信息

图7-3-3 开店前的准备

开店认证包括实名认证和身份信息认证，如图7-3-4所示。在淘宝上开店，店主必须是中国年满18周岁的合法公民，再选择一个银行和支付宝有合作的银行卡。支付宝公司会往你的卡里打入两笔数目为几分钱的人民币（免费送的哦），你到柜台或银行网站进行查询后把数额填入支付宝的网页，正确后即能认证通过。

图7-3-4 认证工作

免费开店需要考试20题，考试分数达到60分，则考试通过。最后还要完善店铺名称、商品类目、店铺介绍等基本信息。

进入"我的淘宝"|"我是卖家"|"我要卖"。淘宝网认为有10件以上出售中的商品才有开店的资格，卖的商品10件也不到只能算个人闲置物品交易。发布10件以上的商品是如何在淘宝网上开店的关键。

依次进入"我的淘宝"|"我是卖家"，找到【我要开店】按钮。点击这个按钮后根据提示输入必要的信息，比如店铺的名字等，然后确认提交就可以了。这时其实你就已经拥有了一家你自己的淘宝网网店了。

给店铺取名并不是越短越容易记越好，因为这跟淘宝搜索排名有关。最好就是把你所卖的物件名称、

商品用途、品牌相关、所做优惠等相关因素填上，这样有利于提高淘宝网的搜索命中率。还有就是保持每天都有新宝贝上架，这也有利于搜索排名靠前。

确实新开网店由于信誉度为 0 或者信誉度较低，会导致买家的不信任而失去成交机会。一般来说，"一钻"信誉是个分水岭，"一钻"以下生意确实不好做。网上有很多快速冲钻的方法，有些是作弊的方法，被淘宝网查到会被封号。

7.3.2　开店注意事项

1. 产品定位

在网上开个小店和在网下开个实物店完全不同，在网下只要店的位置不要太差，小生意就可以做得还不错，就算是卖很大众化的东西，都一样可以赚得盆满钵满。在网上做生意就要独辟蹊径。一般来说，在网上销售，最好是找网下不容易买到的东西拿来卖（例如，特别的工艺品、限量版的宝贝、名牌服装、电子产品等），这样，专门的发烧友就会找到你的店里，如果合作得好，那生意就细水长流、回头不断了。

2. 价格定位

在网上销售没有店租金的压力，没有工商税务的烦恼，更没有黑社会的骚扰，所以，只要能有好的货源，那赚钱会很轻松。所以，价格就一定要比网下便宜，不要心太黑，多参考其他人的价格，能便宜尽量多便宜点，这样，会有很多想省钱的客人进来，服务再好点，这批客人又成了长期客户。

3. 丰富产品

产品定位好了，价格也定好了，就可以去开个小店了。既然现在淘宝开店免费，那登陆产品的时候，在把握新、精、平的原则上，尽量多铺点货上去，因为每个来的客人，都希望自己所逛的店铺琳琅满目，产品丰富。如果店里只有干巴巴的几样东西，相信人家不会来第二次，而且产品铺得多，这里还有一个伏笔，因为淘宝的推荐位不是买的，而是根据信用和店里的货物数量可以获得相应的推荐位。所以，在信用还很低的时候，能获得一个分类的推荐位是有很大好处的。

4. 详细产品说明

产品选好了，那就一定要弄上一份详细的产品说明。如果产品说明相当简单，就草草几个字、几句话，会让看的人云里雾里，形象分可就打折扣喽！一份好的说明，不光光只是说明而已，它体现了卖家对买家的尊重，对自己产品的尊重，好的产品说明不单单吸引懂行的买家进来，更可以为那些不太懂但是对产品有兴趣的新手提供帮助，让他们对卖家所卖的东西产生兴趣，从而爱上这个小店。特别是一份详细的产品说明，会让来的每一个客人觉得卖家是个行家，那对卖家本人的信任和产品的信任又多了一点。

5. 灵活使用推荐位

当有了一两个推荐位了，就要灵活运用，一定要挑一个在分类里最有特色、价格最有优势的产品，放到推荐位上去，目的不光光是为了提高销售量，更是希望推荐的这个产品能够吸引客人到店里去参观，这样，又多了点成交的机会喽！

6. 旺旺带路

旺旺是个好东西，如果能在线的时候一定要保持开着旺旺，可以立刻解答买家的问题和疑难，而且旺旺开起来后，在产品背后闪烁的主人在线很醒目，很多客户都会只看旺旺在线的人的产品，因为买家有疑问的话，卖家会立刻解答，还可以讨价还价。

7. 论坛发飙

店也开了,产品也上了,特色也有了,但还是没有人成交,怎么办呢? 这时就要主动出击了,其中最好、最省钱的宣传方式就是论坛。这里所指的论坛,不单单是淘宝的论坛,淘宝的论坛卖家多,买家少,效果不会太好,在淘宝的论坛多发帖子的好处是人气会提高一些,对自己的生意有点好处。重点是放在其他论坛上。

首先,要在论坛宣传,签名档是最重要的东西,特别是有些论坛不让发广告,那就只有通过签名档来指引感兴趣的人到店里来。

其次,要去的论坛最好是去各省的省站论坛和各个大城市的城市论坛,以及各种专业论坛。如果该论坛有部分栏目可以发广告(比如有二手交易区、跳蚤市场之类的),就要精心制作一份精美的帖子发到论坛上,并保持定期更新和顶,让帖子始终处在栏目的第一页。如果该论坛不让发广告贴,那也没关系,把自己商品的精美图片弄下来放上去,只当贴图玩,让大家欣赏(例如精美的玩具、漂亮的衣服、时尚的电子产品等),自然就会有感兴趣的朋友通过签名档的地址到店里参观。

8. 绝招

有时间就去逛逛同类商品其他卖家的店,注意收集那些留言的买家,然后回来就给那些在别人产品上留言的买家发站内信和旺旺留言,因为那些是有意向购买该类商品的买家,只不过可能和卖家价格方面或其他方面没有谈好,所以才没有成交,这样的买家是最有可能成为自己店里的买家,所以一定要抓住。

7.4 规避商务风险

随着 Internet 的发展,电子商务已经逐渐成为人们进行商务活动的新模式。电子商务安全是制约电子商务发展的一个核心和关键问题。

7.4.1 电子商务安全问题

电子商务安全包括电子商务系统的硬件安全、软件安全、运行安全和电子商务安全立法。由于 Internet 本身的开放性,使电子商务系统面临着各种各样的安全威胁,主要表现在以下 6 个方面。

1. 身份欺骗
对合法用户的身份冒充,仿冒合法用户的身份与他人进行交易,从而获得非法利益。

2. 信息暴露
将信息暴露给没有访问权限的人,例如无须适当的权限就可以访问文件。

3. 篡改数据
攻击者有可能对网络上的信息进行截获后篡改其内容,如修改消息次序、时间,注入伪造消息等,从而使信息失去真实性和完整性。

4. 拒绝服务
阻击合法的用户使用服务和系统。

5. 对发出的信息予以否认
某些用户可能对自己发出的信息进行恶意的否认,以推卸自己应承担的责任。

6. 非法入侵和病毒攻击

计算机网络会经常遭受非法的入侵攻击以及计算机病毒的破坏。

7.4.2　计算机安全控制制度

1974 年 2 月 18 日,我国颁布了《中华人民共和国计算机信息系统安全保护条例》(以下简称《条例》),这是我国的第一个计算机安全法规,它不仅明确提出了"计算机信息系统的建设和应用应当遵守法律、行政法规和国家其他有关规定",而且具体提出了计算机信息系统安全保护的 8 项具体制度。

7.4.3　数据加密技术

所谓数据加密技术是指将一个信息经过加密钥匙及加密函数转换,变成没有意义的密文,而想要获取原文则必须获取此密文的解密钥匙或解密函数。加密技术是网络安全技术的基石。

数据加密的目的是只让授权用户才能解密来获取原文,加密的方式主要有对称加密和非对称加密。对称加密时,加密与解密使用相同的密钥;非对称加密时,采用公钥和私钥方式,公钥向其他人公开。

数字签名一般采用非对称加密技术(如 RSA),通过对整个明文进行某种变换,得到一个值作为核实签名。接收者使用发送者的公开密钥对签名进行解密运算,如其结果为明文,则签名有效,证明对方的身份是真实的。当然,签名也可以采用多种方式,例如,将签名附在明文之后。数字签名普遍用于银行、电子贸易等。

7.4.4　认证技术

身份认证技术是计算机网络中用来确认用户是否具有合法访问权限和操作权限的一种技术。下面介绍 6 种常见的认证形式。

1. 静态密码

静态密码是由用户自己设定的。在网络登录时输入正确的密码,计算机就认为操作者是合法用户。

2. 智能卡(IC 卡)

一种内置集成电路的芯片,芯片中存有与用户身份相关的数据,智能卡由专门的厂商通过专门的设备生产,是不可复制的硬件。智能卡由合法用户随身携带,登录时必须将智能卡插入专用的读卡器读取其中的信息以验证用户的身份。

3. 短信密码

短信密码以手机短信形式请求包含 6 位随机数的动态密码,身份认证系统以短信形式发送随机的 6 位密码到客户的手机上。客户在登录或者交易认证时输入此动态密码,从而确保系统身份认证的安全性。

4. 动态口令牌

动态口令牌是通过动态口令技术生成动态口令的终端设备,也称动态令牌。动态口令技术是根据特定算法生成不可预测的随机数字组合,每个口令只能使用一次,该技术是目前能够最有效解决用户的身份认证方式之一。使用动态口令可以防止因盗号而产生的财产损失,无需定期修改各种应用系统登录密码。

5. USB Key

USB Key 是一种智能存储设备,可用于存放网银证书。内有 CPIJ 芯片,可进行数字签名和签名验证的运算,外形小巧,可插在电脑的 USB 接口中使用。基于 USB Key 的身份认证系统主要有两种应用模

式:一是基于冲击向应的认证模式;二是基于PKI体系的认证模式,目前运用在电子政务、网上银行。

6. 数字签名

所谓数字签名就是只有信息发送者才能产生的别人无法伪造的一段数字串,这段数字串同时也是发送者发送信息真实性的一个证明。数字签名的作用主要有两点:

① 是不是确实由签名者发送,即确认对方的身份,防止抵赖。

② 保证信息的完整性,没有被其他人修改过。

7.5　善用法律维权

电子商务在现代贸易中已占有举足轻重的地位,也必将取代原有的贸易形式,并主导整个贸易形式的发展。然而电子商务的发展也带来了很多新的法律问题,并涉及各个法律部门。对此传统的法律法规显得软弱无力,为适应并推进电子商务发展,就必须有对电子商务活动进行系统、全面规范的电子商务法律规范。当前,世界范围内的电子商务立法活动正在广泛开展。

7.5.1　电子商务法的概念

电子商务法是指调整电子商务活动中所产生的社会关系的法律规范的总称,是一个新兴的综合法律领域。

1. 广义电子商务法和狭义电子商务法

广义电子商务法和狭义电子商务法是从内容上对电子商务法所作的区分,也是与广义电子商务和狭义电子商务相适应的。

2. 形式意义的电子商务法和实质意义的电子商务法

从结构上看,电子商务法有形式意义的电子商务法和实质意义的电子商务法。

形式意义的电子商务法是指以"电子商务法"命名的、成文的电子商务法典。目前世界上已有一些国际组织、国家和地区制定这种形式的法律。如联合国国际贸易法委员会的《电子商务示范法》、欧盟的《关于内部市场中与电子商务有关的若干法律问题的指令(草案)》、美国的《统一电子交易法》、澳大利亚的《电子交易条例》、新加坡的《电子交易法》、韩国的《电子商业基本法》、印度的《电子商务支持法》、中国香港的《电子交易条例》。除香港以外,我国也有地方制订了有关电子商务法的地方性法规,如《广东省电子交易条例》。

实质意义的电子商务法是指所有与电子商务有关的法律法规的总称。它不仅指系统的、成文的电子商务法,而且还包括散见于其他法律、法规之中的与电子商务有关的全部规范,如我国1976年2月1日国务院发布的《中华人民共和国计算机信息网络国际联网管理暂行规定》。

7.5.2　电子商务法的特征

电子商务法的特征表现在以下4点。

1. 商法性

商法是规范商事主体和商事行为的法律规范。电子商务法规范主要属于行为法,如数据电文制度、电子签名及其认证制度、电子合同制度、电子信息交易制度、电子支付制度等。但是,电子商务法也含有组织法的内容,如认证机构的设立条件、管理、责任等,就具有组织法的特点。

2. 技术性

在电子商务法中,许多法律规范都是直接或间接地由技术规范演变而成的。

3. 开放和兼容性

所谓开放性,是指电子商务法要对世界各地区、各种技术网络开放;所谓兼容性,是指电子商务法应适应多种技术手段、多种传输媒介的对接与融合。只有坚持了开放性和兼容性的原则,才能实现世界网络信息资源的共享,保证各种先进技术在电子商务中及时应用。

4. 国际性

电子商务固有的开放性、跨国性,要求全球范围内的电子商务规则应该是协调和基本一致的。电子商务法应当而且可以通过多国的共同努力予以发展。联合国国际贸易法委员会的《电子商务示范法》为这种协调性奠定了基础。

7.5.3 电子商务支付问题

电子商务的优势在于能够实现零距离收付、零距离购销,如果没有安全有效的电子商务金融渠道,尤其是电子支付手段,是做不到零距离的。而我国现在的金融支付手段不完善,各大商业银行的电子支付程序比较繁琐,并且还没达到数据的交互,没有形成统一的支付系统。当电子交易中的当事人采用不同的支付方式且这些支付方式又互不兼容时,双方就不可能通过电子支付的手段来完成款项支付,从而也就不能实现因特网的交易。

另外,现存的支付宝手段虽然在电子商务活动中起到了很好的作用,但这只是电子支付中的过渡产品,其在解决电子支付的安全性和资金流动的实时性上存在明显缺陷,不能完全满足金融电子化的要求。

7.5.4 电子商务交易安全的法律问题

电子商务交易安全的法律问题,涉及 3 个方面:第一,电子商务网站的安全管理存在很大隐患,普遍容易受到黑客攻击,安全技术结构和加密技术强度普遍不够;第二,电子商务交易售后安全也是真空地带,出现问题后客户往往不知道去找谁负责;第三,电子商务交易安全缺乏足够法律制度体系支持。

我国现今对电子商务交易的保护主要分散于计算机网络技术相关法律法规及民商法,没有相关的专门法律体系,制度建设上也存在混乱,加上网络技术发展速度过快,法治远远滞后。

7.5.5 电子商务隐私权保护问题

网络隐私权是指公民在网络中享有的私人生活安宁与私人信息依法受到保护,不被他人非法侵犯、知悉、搜集、复制、利用和公开的一种人格权;也指禁止在网上泄露某些与个人相关的敏感信息,这些信息的范围包括事实、图像(例如照片、录像带),以及毁谤的意见等。目前电子商务隐私权保护领域遇到 3 大问题:个人信息数据保护、个人数据二次开发利用和个人数据交易。

虽然现阶段还存在着阻碍电子商务发展的诸多问题,但是电子商务有着许多独特的优势,随着网络技术的发展,上网用户的急剧上升,上网速度的加快,网上支付手段的改善,网络交易安全体系的建立,电子商务必定会飞速发展。

7.5.6 电子签名法律

2004 年 8 月 28 日,《中华人民共和国电子签名法》获得全国人大常委会审议通过,自 2005 年 4 月 1 日起实施。《中华人民共和国电子签名法》是我国第一部电子商务领域的法律,标志着我国信息化产业步入了法治领域。

《中华人民共和国电子签名法》共5章36条,包括总则、数据电文、电子签名与认证、法律责任、附则。该法重点解决电子签名领域的5大问题:确立电子签名的法律效力,规范电子签名的行为,明确认证机构的法律地位及认证程序,规定电子签名的安全保障措施,明确认证机构行政许可的实施主体是国务院信息产业主管部门。

7.5.7 电子商务认证法律

与实施《中华人民共和国电子签名法》相配套,依据《中华人民共和国电子签名法》第25条规定,信息产业部制定了《电子认证服务管理办法》。

《电子认证服务管理办法》共分8章43条,主要作用体现在为电子认证服务业的具体管理提供了办法,对电子认证服务提供者依法实施监督管理。

本 章 小 结

电子商务的概念有广义和狭义之分。根据不同的标准,电子商务可划分不同的类型,本章进行了详细介绍。通过网络购物已经成为现代人必备的一项技能,通过浏览产品信息、挑选比较产品信息、注册淘宝会员账号、设置支付宝账号、开通网上银行、讨价还价、付款、确认收货等过程,能够顺利完成网络购物。在网络购物过程中,一定要保证账户安全,进行文明购物。而电子商务安全是制约电子商务发展的一个核心和关键问题,数据加密技术和认证技术有效保证了电子商务的安全问题。

 习 题

一、单选题

1. 企业对消费者之间的电子商务又称为_____。

   A. B2B   B. B2C   C. C2C   D. B2G

2. 电子商务实际上是一种_____活动。

   A. 网络   B. 买卖   C. 生产   D. 运输

3. 电子商务有许多分类,其中B2B是指_____。

   A. 企业与企业   B. 企业与个人   C. 个人与个人   D. 企业与政府

4. 进入21世纪,我国大量需要一种既懂现代信息技术又懂电子商务的_____人才。

   A. 专用型   B. 综合型   C. 复合型   D. 理想型

5. 当您订购的商品出现质量问题时,您与商家联系,这时商家会要求您提供商品的_____。

   A. 订购单号   B. 购买金额   C. 商城名称   D. 商品描述

二、多选题

1. 电子商务的基本组成要素有_____。

A．网络　　　　　　B．用户　　　　　　C．配送中心　　　D．认证中心

E．银行　　　　　　F．商家

2．网上银行具有以下哪些特点？　_____

A．功能丰富　　　　B．操作简单　　　　C．跨越时空　　　D．信息共享

3．电子商务具有哪些功能？　_____

A．广告宣传　　　　B．咨询洽谈　　　　C．网上订购　　　D．网上支付

4．电子商务的安全要素有哪些？　_____

A．有效性　　　　　B．真实性　　　　　C．机密性　　　　D．数据的完整性

5．在线零售成功的关键在于_____。

A．树立品牌　　　　　　　　　　　　　B．有竞争力的价格

C．降低成本　　　　　　　　　　　　　D．使用方便并且送货快捷

三、问答题

1．什么是电子商务？

2．电子商务的特点是什么？

3．试述电子商务的分类。

4．我国电子商务的发展存在哪些障碍和问题？

参考文献

［1］ 赵龙德，孟庆伟.计算机应用基础.中国铁道出版社，2009年.

［2］ 张莉.信息技术基础教程.复旦大学出版社，2005年.

［3］ 卞诚君.完全掌握 Office 2010 高效办公超级手册.机械工业出版社，2011年.

［4］ 周捷，张成功.电子商务实训教程.清华大学出版社，2011年.

［5］ 黄骁.电子商务实践入门.清华大学出版社，2009年.

［6］ 陈秀峰，黄平山.Excel 2010 从入门到精通.电子工业出版社，2010年.

［7］ 李海军.大学计算机基础.中国铁道出版社，2011年.

图书在版编目(CIP)数据

计算机应用基础/朱景立主编. —上海:复旦大学出版社,2013.8(2018.4 重印)
全国学前教育专业(新课程标准)"十二五"规划教材
ISBN 978-7-309-09963-8

Ⅰ. 计… Ⅱ. 朱… Ⅲ. 电子计算机-幼儿师范学校-教材 Ⅳ. TP3

中国版本图书馆 CIP 数据核字(2013)第 175130 号

计算机应用基础
朱景立 主编
责任编辑/梁 玲

复旦大学出版社有限公司出版发行
上海市国权路 579 号 邮编:200433
网址:fupnet@fudanpress.com http://www.fudanpress.com
门市零售:86-21-65642857 团体订购:86-21-65118853
外埠邮购:86-21-65109143 出版部电话:86-21-65642845
上海复旦四维印刷有限公司

开本 890×1240 1/16 印张 14.25 字数 419 千
2018 年 4 月第 1 版第 4 次印刷
印数 10 301—11 400

ISBN 978-7-309-09963-8/T·485
定价:34.00 元